BIBLIOGRAPHIE
PAUL RAABE

Zusammengestellt von
Barbara Strutz

Zweite Ausgabe

Zu seinem 75. Geburtstag
herausgegeben von
Georg Ruppelt

Mit einem Beitrag
von Wolfgang Adam

K · G · Saur München 2002

Die Deutsche Bibliothek - CIP-Einheitsaufnahme

Strutz, Barbara:
Bibliographie Paul Raabe / zsgest. von Barbara Strutz. -
2. Ausg. zu seinem 75. Geburtstag / hrsg. von Georg Ruppelt.
Mit einem Beitr. von Wolfgang Adam. - München : Saur, 2002
ISBN 3-598-11589-X

⊗

Gedruckt auf säurefreiem Papier / Printed on acid-free paper

Druck/Bindung: Strauss Offsetdruck, Mörlenbach

ISBN 3-598-11589-X

Inhalt

Paul Raabe – ein Gelehrtenporträt
Wolfgang Adam

> „Ein Gelehrter hinterläßt, vom Wichtigsten, seinen gedruckten
> Schriften abgesehen, manche Spuren, die der Betrachtung wert sind,
> wenn sein Werk auch für spätere Zeiten Bedeutung behalten oder
> wiedererlangt hat."

Mit diesem Satz beginnt Paul Raabe eine Studie zur Büchersammlung von
Hermann Conring, die mehr liefert als eine bibliothekshistorische Unter-
suchung: über das Beschreiben der Bestände und der Lektüregewohnheiten
entsteht das Porträt eines der bedeutendsten Gelehrten des 17. Jahrhunderts.
Die offene, dem Essay nahestehende Textsorte der Betrachtung hat Paul
Raabe für zahlreiche seiner biographischen Skizzen gewählt: Am Anfang
seiner wissenschaftlichen Publikationen steht das Nachzeichnen der
Lebenskurve des Oldenburger Landsmanns Karl Ludwig Woltmann, später
erscheinen die einfühlsamen Charakteristiken der Verlegerpersönlichkeiten
Friedrich Nicolai und Friedrich Wilmans und dem letzten Lebensjahrzehnt
seines Wolfenbütteler Amtsvorgängers Lessing hat er eine ganze Reihe von
Detailuntersuchungen gewidmet.

Diese Porträts werden begleitet von methodischen Reflexionen über Grenzen
und Möglichkeiten solch biographischer Versuche, die nur gelingen können,
wenn über die Auswertung weiterer, auch archivalischer Dokumente die ver-
gangene Lebenswelt, der die historische Persönlichkeit angehörte, rekonstru-
iert wird: Basis all dieser biographischen Darstellungen bilden aber die gedruckten Schriften, nach Paul Raabe das Wichtigste einer Intellektuellen-
Vita. Seit der Frühen Neuzeit ist es in der res publica litteraria ein gern ge-
übter Brauch, das Resümee eines Gelehrtenlebens durch eine Bibliographie
zu dokumentieren. Diese Bilanz ist im Falle von Paul Raabe imponierend.

Barbara Strutz hat zum dritten Mal die Bibliographie seiner Publikationen in
dem hier vorliegenden Band aktualisiert. Die Zusammenstellung der von Paul
Raabe verfaßten oder herausgegebenen Schriften umfaßt 714 Nummern. Was
die Zahl 714 konkret bedeutet, vermag eigentlich nur der ermessen, der
einmal im Wolfenbütteler Arbeitszimmer vor der Bücherwand der von Paul
Raabe geschriebenen Bücher und der von ihm initiierten Kataloge sowie
verantworteten Editionen gestanden hat. Es kann dabei nicht genug betont,
werden, dass dieses beeindruckende wissenschaftliche Oeuvre im Grunde ein
Werk der „Nebenstunden" ist, das zwischen den Amtspflichten in Marbach,
Wolfenbüttel und Halle entstanden ist, an Orten, an denen noch für lange Zeit
die „Spuren" seines Engagements sichtbar sein werden.

Denn die Wirkung von Paul Raabe ist nicht durch eine Bibliographie allein
festzuhalten, er hat Institutionen mit geprägt oder neu geschaffen, die heute

Zentren in der Wissenschaftslandschaft Deutschlands bilden. Dies gilt für die Bibliothek des Deutschen Literaturarchivs im Marbach ebenso wie für die Herzog August Bibliothek in Wolfenbüttel oder die Franckeschen Stiftungen in Halle.

Seine Persönlichkeit hat viele Facetten: den Stationen des Lebenswegs folgend werden der Bibliothekar, der Literaturwissenschaftler, der Wissenschaftsorganisator und der Kulturpolitiker Raabe vorzustellen sein.
Paul Raabe hat diese Funktionen, von denen jede für sich allein eine monographische Würdigung verdiente, nicht nacheinander, sondern in der Regel gleichzeitig und immer mit Perfektion und Charme erfüllt.

Paul Raabe wurde am 21. Februar 1927 in Oldenburg als Sohn des Bildhauers Wilhelm Raabe (1897 – 1943) und dessen Ehefrau Florence (1900 – 1986) geboren. In einem „Kinderjahre in der Oldenburger Rankenstraße" überschriebenen autobiographischen Rückblick erzählt er von einer friedlichen, aber aufgrund wirtschaftlicher Schwierigkeiten nicht ganz unbeschwerten Kinderzeit. In der Erinnerung überwiegt aber nach seinen Worten „die dankbare Rückbesinnung auf eine Kindheit, in der die Keime meines späteren Lebensganges gelegt wurden, die wissenschaftliche Neugier und der Umgang mit Büchern, die meinen beruflichen und persönlichen Lebenslauf bestimmten".

Früh zeigt sich die Neigung zum Sammeln und Katalogisieren: schon der Zwölfjährige schreibt eine Chronik der Rankenstraße und legt mit Hilfe des Adressbuches der Großeltern ein Verzeichnis aller Bewohner an. Schellers lateinisch-deutsches Wörterbuch von 1756 – ein Exemplar des Werkes diente als Vorlage im Zeichenunterricht, und der Schüler hatte es sich zum Erstaunen des Lehrers als Geschenk erbeten – bildete den Grundstock einer umfangreichen Sammlung von Sprachführern, Miniaturwörterbüchern und Kurzgrammatiken, die natürlich in einem Katalog verzeichnet wurden. Nach der Grund- und Mittelschule besuchte Raabe in seiner Heimatstadt eine Oberschule in Aufbauform, an der er im Herbst 1944 das Notabitur ablegte. Wenige Tage vor seinem sechzehnten Geburtstag wurde Paul Raabe als Luftwaffenhelfer eingezogen. Pläne, im März 1945 an der Georgia Augusta in Göttingen Theologie und Philologie zu studieren, konnten erst nach Kriegsende und dem 1946 bestätigten Abitur verwirklicht werden.

Es waren die Erfahrungen der Generation der ‚Davongekommenen‘, die Raabes weitere Lebenssicht prägten und ihn das Motto „Aliis in serviendo consumor" als „Leitspruch" seines Lebens wählen ließen. Mit dieser Devise des Herzogs Julius von Braunschweig-Lüneburg beschloss er 1948 seine Diplomarbeit als Bibliothekar, deren Titel „Von Jöcher zu Ebert. Die deutsche Literaturverzeichnung von 1780- 1830" schon auf den großen Bibliographen Raabe vorausweist. Die Ausbildung zum Diplombibliothekar erfolgte von 1946 bis 1948 an wissenschaftlichen Bibliotheken in Hamburg und Oldenburg. In dem damaligen Leiter der Oldenburgischen Landesbibliothek, Dr. Wolfgang G. Fischer, fand Paul Raabe seinen ersten Förderer, der ihn mit der modernen, während der NS-Zeit verfemten, Kunst vertraut machte.

Raabe hat die trotz aller materiellen Not so stimulierende kulturelle Aufbruchsstimmung der ersten Nachkriegsjahre in einer Rede 1980 vor Vertretern der Wirtschaft anschaulich beschrieben:

> „Wir saßen in den ungeheizten Theatern und Konzertsälen in umgefärbten Uniformen, ganz hingenommen von den humanen Ideen, die wir nach den Zerstörungen neu entdeckten. Wer erinnert sich nicht noch der ersten modernen Kunstausstellungen mit Max Beckmann, Paul Klee, den Malern des „Blauen Reiter". Diese Wiederbegegnungen waren Urerlebnisse einer Generation ... Deutschland 1945 bis 1950: welch eine Hoffnung für uns alle. Die Kultur hat uns damals getragen, und wir haben die Kultur getragen."

Diese Begeisterung für Kultur und der emphatische Einsatz für ihre Pflege, die natürlich Geld kostet, ging ihm nie verloren. Der Kulturpolitiker Raabe wurde in diesen frühen, aufwühlenden Veranstaltungen – den Dichterlesungen, Filmvorführungen und bei den Zusammenkünften privat gegründeter Kulturbünde – geboren.

Auch die ersten journalistischen Arbeiten und wissenschaftlichen Publikationen von Raabe gehen aus der intensiven Begegnung mit zeitgenössischer Kunst und Literatur hervor. Kontinuierlich und kritisch begleitet seit 1949 der junge Journalist Raabe vor allem in der Oldenburger „Nordwest-Zeitung" das kulturelle Geschehen in der heimatlichen Region. In diesen frühen Jahren wird das Fundament für die Erforschung der Klassischen Moderne gelegt, die später in Katalogen, Aufsätzen, Editionen und Handbüchern zum literarischen Expressionismus ihren bleibenden Ausdruck fand. Durch seinen „unvergesslichen Mentor", den Apotheker und Kunstsammler Dr. Kurt Otte wurde Paul Raabe eingeführt in die rätselhafte Welt von Alfred Kubin. Schon während seiner Ausbildungszeit hatte er in dem Hamburger Kubin-Archiv gearbeitet, die Bestände wurden von ihm inventarisiert, und 1957 erschien bei Rowohlt seine erste Buchveröffentlichung „Alfred Kubin. Leben, Werk, Wirkung." Durch die Beschäftigung mit Kubin kam Raabe in Kontakt mit dem damals führenden Expressionismusforscher Karl Ludwig Schneider an der Universität Hamburg, bei dessen Edition der Werke von Ernst Stadler und Georg Heym er mitwirkte. Von 1951 bis 1957 studierte Raabe an der Universität Hamburg Germanistik und Geschichte. Die ersten Jahre des Studiums waren anstrengende Jahre, da Raabe bis 1953 mit vollem

Zeitdeputat als Mitarbeiter an der Oldenburgischen Landesbibliothek tätig war.

1953 heiratete er Mechthild Holthusen, für deren bibliothekarische Ausbildung er an der Landesbibliothek verantwortlich war. Öffentlich und in privaten Gesprächen hat Paul Raabe immer wieder betont, was er ‚der Frau an seiner Seite' verdankt. Mechthild Raabe, die selbst wissenschaftlich publiziert, unterstützte ihn über Jahrzehnte bei bibliographischen und editorischen Unternehmungen und vor allem führte sie in der alten Bedeutung des Wortes ‚das Haus', zu dem vier Kinder gehörten. Die rührendste Würdigung findet sich am Ende des autobiographischen Berichts über die Wolfenbütteler Jahre, wenn Raabe feststellt:

> „Meine Frau hat meine Sorgen und Erfolge mit mir geteilt, sie hat sie mit kritischem Verstand und praktischer Unterstützung begleitet. Sie hat mir die Kümmernisse des Alltags abgenommen und alle Unbequemlichkeiten aus dem Weg geräumt. Sie hat ihren bleibenden Anteil an dem Werk, von dem ich erzählt habe."

An der Universität Hamburg war Paul Raabe Forschungsassistent bei Hans Pyritz, einer, wie auch die neuesten wissenschaftsgeschichtlichen Forschungen gezeigt haben, höchst problematischen Persönlichkeit der westdeutschen Nachkriegsgermanistik. Im Auftrag von Pyritz betreute Raabe redaktionell die drei ersten Lieferungen der Goethe-Bibliographie. Aus dieser Beschäftigung mit der Sekundärliteratur über Goethe entstanden eigene Forschungen zu Goethe. Zahlreiche Neufunde von bisher ungedruckten Briefen Goethes veröffentlichte Raabe im „Jahrbuch der Goethe-Gesellschaft", und über diesen Arbeitszusammenhang ergaben sich erste Kontakte zu den Weimarer Archiven und Gedenkstätten, die Raabe nie abreißen ließ.

Promoviert wurde er 1957 von Adolf Beck mit einer Studie zu den Briefen Hölderlins. Beck edierte im Rahmen der von Friedrich Beißner herausgegebenen Großen Stuttgarter Ausgabe die Briefe Hölderlins, Raabe war an der Schlußredaktion dieser Bände beteiligt. Das Buch, das als zweiter Band in der angesehenen Reihe der „Germanistischen Abhandlungen" bei Metzler erschienen ist, hat nichts gemein mit dem „genus dissertationis", vorgelegt wurde ein bedeutender Beitrag zur Hölderlin-Forschung, noch immer lesenswert sind die subtilen Beobachtungen zur Gattungstradition des Briefes.

Von 1958 bis 1968 wirkte Paul Raabe als Bibliothekar am Schiller-Nationalmuseum und an dem neu gegründeten Deutschen Literaturarchiv in Marbach. Zu seinen bleibenden Verdiensten gehört der Aufbau der Fachbibliothek zur deutschen Literaturgeschichte. Bis heute profitieren Wissenschaftler, die in Marbach arbeiten, von der durchdachten Systematik, die der damals verantwortliche Bibliothekar der Sammlung zugrunde gelegt hatte. In diesen Jahren entstanden – gleichsam en passant – die viel benutzten Einführungen in die Bücher- und Quellenkunde der deutschen Literaturwissenschaft, zwei Bändchen aus der Sammlung Metzler, die schon mehrere Studentengenerationen in die Feinheiten des Recherchierens eingeführt haben. In Marbach wurde der Grundstein für das spätere Standardwerk der Expressionismusforschung, das 1985 in erster, und sieben Jahre später in erweiterter und ergänzter Auflage erschienene Handbuch „Die Autoren und Bücher des literarischen Expressionismus", gelegt, als dessen Vorläufer man den 1964 publizierten Band aus der Metzler-Reihe „Die Zeitschriften und Sammlungen des literarischen Expressionismus" betrachten kann.

Neben dem Aufbau der Forschungsbibliothek war Paul Raabe mit der Konzeption der Ausstellungen im Schiller-Nationalmuseum betraut. Nach dem Präludium der Schiller-Gedächtnis-Ausstellung von 1959 stellte er im nächsten Jahr gemeinsam mit Ludwig Greve die Marbacher Expressionismus-Ausstellung zusammen, die einen Meilenstein in der literaturwissenschaftlichen Forschung der frühen Bundesrepublik markierte. Der Katalog, der nach den Worten Raabes sowohl zum Lesen als auch zum Nachschlagen gedacht war, bot die erste wissenschaftlichen Ansprüchen genügende, aber auch Laien ansprechende Gesamtschau dieser wichtigen Periode zu Beginn des 20. Jahrhunderts. Raabe suchte und fand den Kontakt zu noch lebenden Angehörigen der Expressionistengeneration: Hermann Kasack, Kurt Pinthus, Max Brod und Ilse Benn stellten bereitwillig Dokumente für die Exposition zur Verfügung. Die Expressionismus-Ausstellung war ein Wurf, hier wurden Maßstäbe für die visuelle Präsentation von vergangenen literarischen Epochen gesetzt. Zum ersten Mal bemerkte eine breitere Öffentlichkeit Raabes große Begabung, seine Begeisterung für eine Sache auch auf andere zu übertragen. Diese Kunst, Mitarbeiter zu motivieren und einflußreiche Persönlichkeiten aus Wirtschaft und Politik für kulturelle Projekte zu gewinnen, erleichterte ihm in hohem Maße die Arbeit in Wolfenbüttel, seiner nächsten Wirkungsstätte.

Es ist amüsant zu lesen, wie konsterniert Mechthild Raabe reagierte, als ihr Paul Raabe von einer Telephonzelle in Hannover aus mitteilte, daß er sich mit dem Gedanken trage, die Leitung der Herzog August Bibliothek zu übernehmen: „Aber was willst du denn in Wolfenbüttel?" Denn Wolfenbüttel, heute ein Zentrum der internationalen Frühen Neuzeit-Forschung in Deutschland, war vor Raabes Berufung nur für Insider ein Begriff.

Die aufgrund ihrer mittelalterlichen und frühneuzeitlichen Handschriften- und Buchbestände so einzigartige Bibliothek lag seit Jahrzehnten wie in einem Dornröschenschlaf, aus dem sie erst allmählich unter der Direktion von Erhart Kästner erwachte. Es ist ein lebendiges Stück deutscher Wissenschaftsgeschichte, was Paul Raabe in seinem Buch „Bibliosibirsk oder Mitten in Deutschland" über seine Wolfenbütteler Jahre berichtet. Der eigenwillige, an russische Technologiezentren in der Steppe erinnernde Titel geht auf den sanften Spott süddeutscher Kollegen zurück, die – als sie nach langer Bahnfahrt endlich Wolfenbüttel erreicht hatten – mit diesem Namen glaubten, den Ort an der östlichen Peripherie der alten Bundesrepublik treffend charakterisiert zu haben. Es ist bezeichnend für den souveränen Umgang Raabes mit Sticheleien und bisweilen auch mit Missgunst aus dem Kollegenkreis, dass er rückblickend diese leicht süffisante Bemerkung als Markenzeichen für das neue Forschungszentrum wählte, das er zusammen mit seinem Stab der ersten Stunde – Sabine Solf, Barbara Strutz, Martin Bircher, Gotthardt Frühsorge, und Burghardt von Hanstein – gegründet hat.

Die Idee, Paul Raabe nach Wolfenbüttel zu holen, geht auf den Bibliothekar und Grimmelshausen-Spezialisten Manfred Koschlig zurück, der bei einer gemeinsamen Bahnfahrt von Stuttgart nach Loccum Raabe vorschlug, sich um die Nachfolge Erhart Kästners zu bewerben. Kästner hatte während seiner Amtszeit Weichen für die Zukunft gestellt: Das Profil der Bibliothek war um die neu angelegte Sammlung der Malerbücher bereichert geworden, die Einrichtung einer hervorragend arbeitenden Restaurierungswerkstatt machte in Fachkreisen Wolfenbüttel über die Landesgrenzen hinaus bekannt, und vor allem hatte die grundlegende Innenrenovierung dem spröden wilhelminischen Prachtbau ein elegantes und Besucher einladendes Aussehen gegeben. In einem handschriftlichen Memorandum, das Paul Raabe immer in Ehren hielt, hatte Ehrhart Kästner seine Vorstellungen über den weiteren Ausbau der Bibliothek für den Nachfolger festgehalten.

Bis Raabe im Oktober 1968 die Direktor-Nachfolge antreten konnte, waren eine ganze Reihe beamtenrechtlicher Barrieren zu überwinden, die heute nur noch skurril erscheinen: so wurde nach langem Überlegen die 1967 in Göttingen vollzogene Habilitation als Ersatz für das für den höheren Dienst notwendige Referendariat anerkannt. Schon beim Start in Wolfenbüttel standen also intelligente und unkonventionelle Regelungen: Verfahren und Vorgehensweisen, die später geradezu charakteristisch für die Ära Raabe an der Herzog August Bibliothek werden sollten!

Paul Raabes Ideal ist – im weiten Wortsinn des 18. Jahrhunderts – der gesellige Gelehrte. Dieses Ideal setzte er mit bewundernswerter Konsequenz an der Herzog August Bibliothek um. Für ihn ist der Bibliothekar nicht nur der Verwalter der Bücher, er sollte auch der beste Kenner seiner Schätze sein und anderen sein Wissen mitteilen. Dies kann dem Vorbild Lessings folgend über periodisch erscheinende Mitteilungen geschehen. So schließen die von Paul Raabe begründeten „Wolfenbütteler Beiträge" mit ihren Nachrichten über Neufunde und Rarissima der Bibliothek nahtlos an Lessings Zeitschrift „Zur Geschichte und Literatur aus den Schätzen der Herzoglichen Bibliothek zu Wolfenbüttel" an. Aber Raabe dachte von Anfang nicht nur an die schriftliche Vermittlung, ihm ging es vor allem um die unmittelbare Kommunikation mit Fachleuten, Freunden und Gästen in den Räumen der Herzog August Bibliothek. Er vertraute auf die suggestive Kraft der alten Bücher. In diesem Vertrauen öffnete er die Bibliothek für die Fachwelt und die interessierte Öffentlichkeit. Markante Stationen dieses Weges waren das „Fest der Bücher" vom 24. und 25. Mai 1971, an dem mit Vorträgen, Konzerten und einem Tag der Offenen Tür der Abschluss der Bauarbeiten der Bibliotheca Augusta gefeiert wurde, und die Veranstaltungen 1972 zum vierhundertjährigen Jubiläum der Bibliothek, die publikumsfreundlich in einem literarischen Volksfest ihren Höhepunkt fanden und in der wissenschaftlichen Sphäre mit der großen Ausstellung „Barocke Bücherlust" und dem ersten Barock-Kolloquium an der Herzog August Bibliothek kulminierten. Im nächsten Jahre wurde der „Internationale Arbeitskreis für deutsche Barockforschung" gegründet, der mit den von ihm ausgerichteten, alle drei Jahre stattfindenden Kongressen sowie mit den zahlreichen, eher intimen Arbeitsgesprächen der internationalen Frühneuzeit-Forschung entscheidende Impulse gegeben hat. Dieser Arbeitskreis der ‚Barockisten', wie Raabe voller Sympathie das collegium illustre nannte, das den Direktor der Bibliothek mit Rat und Tat unterstützte, wurde das Vorbild für alle weiteren gelehrten Sozietäten, die sich an der Herzog August Bibliothek gebildeten haben: für den „Mediävistischen Arbeitskreis", die Vereinigung der Renaissance-Forscher, den „Wolfenbütteler Arbeitskreis für Buch- und Bibliotheksgeschichte" und für die „Deutsche Gesellschaft für die Erforschung des 18. Jahrhunderts", an deren Gründung Paul Raabe gemeinsam Bernhard Fabian, Rainer Gruenter und Rudolf Vierhaus maßgeblichen Anteil hatte. Innerhalb weniger Jahre war der kleine Ort in der norddeutschen Provinz zu einer Drehscheibe für die internationale Forschung geworden.

Dies war nur möglich auf dem Fundament einer Infrastruktur, die der Wissenschaftsorganisator Raabe erst mit großer Beharrlichkeit geschaffen hat. Ausgehend von der Analyse, dass der notwendige Freiraum für Forschung von den sich im Umbruch, zum Teil auch in einer Identitätskrise befindenden Universitäten nicht mehr in genügendem Maße zur Verfügung gestellt werden konnte, entwickelte Raabe ein innovatives Forschungsprogramm außerhalb der Hochschulen. Mit der Volkswagen Stiftung in Hannover fand Paul Raabe eine Förderinstitution, die es ihm ermöglichte, an der Herzog August Bibliothek Geisteswissenschaftlern eine Nische zu bieten, in der diese – fern von den Belastungen des Universitätsalltags, aber auch frei von den noch immer bestehenden verkrusteten Strukturen des deutschen Wissenschaftssystems – in Ruhe forschen konnten. Neben der Volkswagen Stiftung unterstützte der von Kurt Lindner, einem der ältesten und treuesten Mäzene, gegründete „Freundeskreis der Herzog August Bibliothek" in substantieller Weise die vielfältigen Initiativen. Nach dem gesetzlich vorgeschriebenen Auslaufen der Förderung durch die Volkswagen Stiftung übernahm das Land Niedersachsen diese Aufgaben.

Ein Stipendiatenprogramm wurde aufgelegt und ein langfristiges Konzept für Symposien entwickelt, das Wissenschaftler aus aller Welt nach Wolfenbüttel führte. Um diese neuen Aufgaben zu bewältigen, mußte vor allem die räumliche Kapazität der Bibliotheca Augusta beträchtlich erweitert werden. Man brauchte neue Arbeitsplätze, vergrößerte Stellflächen für Handbibliotheken, Zentren für Vorträge und Diskussionsrunden sowie Räume für Forschungs- und Arbeitsstellen, die sich im Laufe der Jahre in immer größerer Zahl in Wolfenbüttel ansiedelten. In kurzer Zeit ist es gelungen, um die Herzog August Bibliothek ein „Quartier Latin" anzulegen, das jeder Universitätsstadt Ehre macht. Nacheinander konnte dank der Überzeugungskraft und des Verhandlungsgeschick des Direktors eine ganze Reihe von Häusern aus öffentlicher und privater Hand erworben werden. Glanzpunkte in diesem auch städtebaulich ansprechenden Ensemble sind das Anna-Vorwerk-Haus, der beliebte Treffpunkt für Stipendiaten und die an der Herzog August Bibliothek arbeitenden Forschern, das Leibniz-Haus mit einem italienischen Restaurant und vor allem das Zeughaus.

Der größte profane Renaissancebau in Norddeutschland, der früher als Waffenarsenal gedient hat – am Portal ist noch heute die Inschrift „Armamentarium" zu lesen – wurde aufwendig restauriert und bot nun Raum für die frei zugängliche Forschungsbibliothek und einen neuen Lesesaal. Paul Raabe hat gerne die Symbolik des Funktionswechsels in der Nutzung des Gebäudes vom Waffendepot zum Haus der Bücher betont. Die imposante Eingangshalle war die ideale Bühne für die Inszenierung der großen Wolfenbütteler Ausstellungen, unter denen die Exposition „Biblia deutsch" zu Luthers Bibelübersetzung und ihrer Tradition, die Dokumentation der Wirkung der „Fruchtbringenden Gesellschaft" oder die Präsentation der Quellen zur Italien-Reise Lessings unbestrittene Höhepunkte bildeten. Diese Ausstellungen gehörten zum Kernbestand des zweigleisig angelegten Wolfenbütteler Konzepts, über die Visualisierung von kultureller Überlieferung eine breite Öffentlichkeit für historische Themenkomplexe zu interessieren und gleichzeitig der Fachwissenschaft durch das Vorstellen von häufig übersehenen Materialien Anregungen zu geben. Die intensive Forschungsarbeit, die solchen Projekten vorausgeht, ist dokumentiert über die beeindruckende Sequenz von mehr als fünfzig Ausstellungskatalogen, die während der Amtszeit Raabes mit Hilfe eines eingespielten Teams an der Herzog August Bibliothek entstanden sind.

Der Einsatz Paul Raabes beschränkte sich nicht auf die Restaurierung der Häuser im Bibliotheksquartier, er setzte sich mit Verve für den Erhalt der vom Verfall oder Abriß bedrohten Bausubstanz in ganz Wolfenbüttel ein. Im Grunde ging es ihm um das Stärken und Wiederbeleben des urbanen Bewußtseins in einer norddeutschen Mittelstadt, die – von Kriegszerstörungen weitgehend verschont – Anfang der siebziger Jahre dabei war, dem Verkehr und Konsum zuliebe Kompromisse einzugehen, welche das Erscheinungsbild der alten Residenzstadt unwiederbringlich zerstört hätten. Dieses Plädoyer für ein sinnvolles Bewahren der über Jahrhunderte gewachsenen Bausubstanz hat Raabe nicht nur Freunde gemacht, selbst in überregionalen Zeitungen wurde der erbitterte Streit beachtet, der um die Neugestaltung des Wolfenbütteler Schloßplatzes geführt wurde. Raabe hat seine Vorstellungen in einer 1975 erschienenen Broschüre „Der alten Stadt eine Zukunft" kämpferisch vertreten. Bei der Wiederlektüre des Beitrags nach mehr als fünfundzwanzig Jahren überrascht es zu sehen, in welch erstaunlichem Maße der Kulturpolitiker Raabe erst später einsetzende Debatten über die Sicherung der Um- und Lebenswelt schon damals antizipiert hatte.

Es gehört zu dem ‚Phänomen Raabe', dass während dieser Belastung als Wissenschaftsmanager, neben dem Formulieren von unzähligen Anträgen und dem permanenten Aktualisieren von Finanzierungsplänen trotzdem das wissenschaftliche Oeuvre weiter wuchs. Drei Themenschwerpunkte, die alle mit der Tätigkeit in Wolfenbüttel zu tun haben und methodisch miteinander eng verbunden sind, kristallisieren sich heraus:

1. sozial-literarhistorische Studien zu Lessing und der städtische bzw. höfischen Lebenswelt im Alten Reich,
2. die historische Analyse der Buch- und Lesekultur des 18. Jahrhunderts und
3. die Bibliotheksforschung, die neben der historischen Aufarbeitung die Rolle der Bibliotheken in der veränderten Medien- und Wissenschaftsszene der Gegenwart neu bestimmte.

1. Paul Raabe beließ es nicht bei der in der literatursoziologischen Forschung der siebziger und achtziger Jahre so beliebten Aufzählung von Desiderata, er beteiligte sich über die konsequente Auswertung des in Wolfenbüttel so reich gesammelten Quellenmaterials an deren Beseitigung. Dieses Zurückgehen auf biographische und kulturgeschichtliche Quellenkorpora erfolgte höchst reflektiert unter forschungsrelevanten Fragestellungen, welche die damals aktuellen sozial- und mentalitätsgeschichtlichen Methoden in die Analyse integrierten. Wie effizient diese Konnektierung bewährter philologischer Verfahren mit neu entwickelten Instrumentarien der Textbefragung sein kann, hat Raabe besonders eindrücklich in seinen beiden Lessing-Studien demonstriert. In der mit Bedacht als „philologische Anmerkungen" betitelten Abhandlung zu Lessings Italien-Reise gelingt es ihm, über die akribische Sichtung des in Wolfenbüttel im Niedersächsischen Staatsarchiv und in der Herzog August Bibliothek überlieferten Materials – Reisekostenabrechnungen, einen Katalog der von Lessing aus Italien mitgebrachten Büchern, autobiographischen Notaten etc. – sich hartnäckig über Jahrzehnte haltende Legenden der Lessing-Forschung zu widerlegen. Das gleiche, zutiefst aufklärerische Interesse der Korrektur von Fehl- und Vorurteilen leitet ihn auch bei dem Versuch der unvoreingenommenen Würdigung der Wolfenbütteler und Braunschweiger Jahre Lessings, die von dessen Biographen meist nur in

düsteren Farben gezeichnet wurden. Raabes Untersuchung setzt basierend auf sozial- und wirtschaftsgeschichtlichen Quellen andere Akzente. Wolfenbüttel und Braunschweig erweisen sich in der späten Vita Lessings als arkan miteinander korrespondierende Schauplätze, die wohl kalkuliert aufgesucht werden: Wolfenbüttel, das ist der geschätzte Ort für die Studien, Braunschweig, die gern besuchte Stadt der Geselligkeit. Der 1982 im Supplementband „Humanität und Dialog" des „Lessing-Yearbook" publizierte Beitrag ist ein nachahmenswertes Beispiel einer „historisch-orientierten Literaturwissenschaft", die sich nach Raabe „als Teil kulturhistorischer Forschung" versteht.

2. Seine Studien zur Geschichte des Buchwesens und der empirischen Leserforschung hat Paul Raabe in dem Sammelband „Bücherlust und Lesefreuden" vereint. Das Buch ist Herbert G. Göpfert und Wolfgang Martens, zwei Mitstreitern in gemeinsamer Sache, gewidmet. Auch der Titel „Buch und Aufklärung" wäre für dieses Werk denkbar gewesen, denn über detaillierte Einzeluntersuchungen dokumentiert Raabe die exponierte Rolle, welche gedruckte Publikationen bei der Verbreitung aufklärerischer Gedanken gespielt haben. Überzeugend wird nachgewiesen, dass das Buch als Instrument der Aufklärung entscheidend die demokratischen Tendenzen im 18. Jahrhundert gefördert hat. Der Beitrag „Die Zeitschriften als Medium der Aufklärung" gehört inzwischen zu den klassischen Texten der internationalen 18. Jahrhundert-Forschung. Selten wurde vorher so prägnant die zentrale Funktion der Buchhändler als Vermittler der Aufklärung heraus gearbeitet. Das Porträt des Verlegers Friedrich Nicolai ist ein exemplum classicum einer sozialhistorischen Untersuchung, welche die Ergebnisse statistisch abgesicherter Recherchen in größere kultur- und literarhistorische Kontexte einzuordnen versteht. Leider hat Raabe bei diesem Versuch, die Buch- und Verlagsgeschichte als Teil der germanistischen Literaturwissenschaft zu etablieren, nicht allzu viele Nachfolger gefunden.

3. Eine Domäne Raabes in diesen Jahren wurde die Erforschung des privaten Buchbesitzes. In zahlreichen Abhandlungen stellte er klar, dass im 17. und 18. Jahrhundert die reichen Privatbibliotheken der Gelehrten Transfer-Funktionen wahrnahmen, welche erst viel später die öffentlichen Büchersammlungen übernehmen konnten. Seine Studien zu den Privatbibliotheken von Geldericus Crumminga und Hermann Conring sind wichtige Bausteine zu der noch zu schreibenden Geschichte der Gelehrsamkeit in der Frühen Neuzeit.

Aber der Blick Raabes ist in dem forschungspolitisch so brisanten Sektor „Printmedien und Wissensspeicherung" nicht nur rückwärts gewandt. Er denkt nach über die Perspektiven der Bibliothek in einer sich rasant verändernden Wissenschafts- und Kulturlandschaft. Er beläßt es nicht bei der für Traditionalisten so typischen laus temporis acti, sondern betrachtet die tiefgreifenden Veränderungen als Herausforderung und Chance, der sich freilich Bibliothekare, Literaturwissenschaftler und Kulturpolitiker stellen müssen. In einer ganzen Reihe von Grundsatzvorträgen entwickelt er das Konzept von der „Bibliothek als humaner Anstalt":

> „Notwendig ist zur Sicherung der Zukunft der Buchkultur die Bibliothek als humane Anstalt, nicht als Erziehungsinstitut, nicht als moralische Anstalt, sondern als eine durch Freizügigkeit, Liberalität und Humanität sich auszeichnende kulturelle und wissenschaftliche Einrichtung."

Intention all dieser klug abgestimmten und auf zahlreichen Ebenen agierenden kulturpolitischen Aktivitäten ist es, den Bibliotheken im öffentlichen Bewusstsein den Stellenwert verschaffen, den vergleichbare staatlich oder städtisch geförderte Institutionen, wie Museen, Theater und Orchester, schon längst einnehmen. Raabe sucht den Dialog mit den verantwortlichen Politikern, in dem „Politik und Bibliothek" überschriebenen Beitrag, skizziert er die wissenschafts-, kultur- und sozialpolitischen Dimensionen einer vorausschauenden Bibliothekspolitik. In ihrer Funktion als öffentliche Dienstleistungsinstitute bieten Bibliotheken in beachtlicher Zahl qualifizierte Arbeits- und Ausbildungsplätze. Durch gezielte Arbeitsbeschaffungsmaßnamen – an notwendigen Projekten der Bestandsaufarbeitung oder Auswertung besteht in deutschen Stadt,- Landes,- und Universitätsbibliotheken wahrlich kein Mangel – könnte der Arbeitsmarkt entlastet und stellenlosen Akademikern sinnvolle Übergangslösungen angeboten werden. Kulturpolitisch möchte Raabe insbesondere das Gewicht der alten Stadtbibliotheken, die neben den Archiven die bevorzugten Speicher des kollektiven Gedächtnisses bilden, stärken. Diese kommunalen Institutionen tragen Wesentliches zur kulturellen Identität eines Gemeinwesens bei und sind ideale Stätten für Vorträge, Aufführungen, Diskussionsrunden, Lesungen und Ausstellungen. Wissenschaftspolitisch sieht Raabe eine einmalige Chance für Bibliotheken mit alten Beständen in den Freiräumen außerhalb der Massenuniversitäten. Solche Bibliotheken können zu Refugien für historische Forschung werden. Nach dem Vorbild der an der Herzog August Bibliothek eingeführten und bewährten Praxis schlägt er die systematische Auswertung des häufig singulären Quellenfundus über Forschungsprojekte vor und regt an, diese Bibliotheken zu Zentren für Tagungen auszubauen. Daß solche Forschungsbibliotheken den wissenschaftlichen Nachwuchs fördern, ist angesichts der wenigen Mittelbaustellen an den Hochschulen ein nicht zu unterschätzender bildungs- und sozialpolitischer Beitrag. Raabes programmatische Überlegungen zur Bibliothek als humaner Anstalt haben nach zwanzig Jahren nichts von ihrer Attraktivität verloren, gerade mit Blick auf den Aufbau effizienter Forschungsstrukturen in den neuen Bundesländern sind sie von ungebrochener Aktualität.

Mit der Vereinigung der beiden deutschen Staaten, die Raabe als ein Geschenk betrachtete, das behutsam behandelt werden sollte, gab es für den Wissenschaftsorganisator Raabe eine neue Herausforderung. Unmittelbar nach dem Ende Amtszeit als Leiter der Herzog August Bibliothek in Wolfenbüttel engagierte sich Paul Raabe mit der ihm eigenen Energie für die Rettung der Franckeschen Stiftungen in Halle. Die Kontakte zu Halle gingen bis in die Mitte der achtziger Jahre zurück. Die Herzog August Bibliothek verstand sich immer als eine Plattform für Gelehrte aus Ost und West. Vor allem polnische Barockforscher konnten früh diese Möglichkeit des wissenschaftlichen Gedankenaustauschs und der menschlichen Begegnung wahrnehmen, eine Chance, die die DDR ihren Wissenschaftlern lange Zeit bewusst verwehrte. Mit dem ersten offiziellen Stipendiaten aus der DDR, dem Romanisten Ulrich Ricken von der Martin-Luther Universität Halle, entwickelte Raabe 1985 die Idee eine Kooperation zwischen Halle und Wolfenbüttel auf dem Gebiet der europäischen Aufklärung. Nach der Wende konnte dieser Plan in veränderter Form umgesetzt werden: zwei unabhängige interdisziplinäre Zentren für die europäische Aufklärungsforschung und für die Pietismusforschung – letzteres steht organisatorisch in enger Verbindung mit den Franckeschen Stiftungen – wurden gegründet. Beide Institutionen, die ehrwürdige Traditionen der Universität Halle weiterführen, sind bereits heute fest in die internationale Forschungsszene eingebunden.

Von 1992 bis 2000 wirkte Paul Raabe als Direktor der Franckeschen Stiftungen, unter seiner Ägide wurde der Wiederaufbau des historisches Ensembles mit seinen kulturellen, wissenschaftlichen, sozialen und pädagogischen Einrichtungen durchgeführt. Erneut bewies Raabe seine Meisterschaft im Koordinieren von unterschiedlichen Aufgaben und konnte Vertreter aus Politik, Wirtschaft und den Kirchen für seine Vorstellungen begeistern und die notwendigen finanziellen Mittel für den Wiederaufbau einwerben. In gewisser Weise stand das Wolfenbütteler Modell Pate bei der Neuordnung der Franckeschen Stiftungen. Wie an der Herzog August Bibliothek wurden interdisziplinäre Tagungen organisiert, und gemeinsam mit Kollegen aus unterschiedlichen Fachrichtungen gründete Raabe wissenschaftliche Buchreihen und Katalogeditionen.

Mit zahlreichen Auszeichnungen wurden seine wissenschaftlichen und forschungspolitischen Verdienste im In- und Ausland gewürdigt. Besonders ehrenvoll war für Paul Raabe, der unendlich viel für die Verständigung zwischen Deutschen und Polen getan hat, die 1988 erhaltene Ehrendoktorwürde der Jagiellonischen Universität Krakau. Im gleichen Jahr erfolgte die Ernennung zum „Officier de l'Ordre National du Mérite". Raabe ist Mitglied renommierter Akademien und wissenschaftlicher Sozietäten in Europa und in den Vereinigten Staaten. Den Forschungsaufenthalten und Bibliotheksreisen in den USA verdankte Raabe viele Anregungen, die er in Wolfenbüttel und Halle umzusetzen versuchte.

In Halle, dem Genius loci folgend, konzentrierten sich Raabes Forschungen auf das nicht nur theologische Phänomen des Pietismus. Seine Untersuchungen zu dieser für die Entwicklung der deutschen Literatur im 18. Jahrhundert so entscheidenden religiösen Bewegung verband er mit seinem Lebensthema Goethe. Goethe und dem Pietismus sind mehrere Publikationen gewidmet, die im Laufe der letzten Jahre erschienen sind und unter denen der Katalog „Separatisten, Pietisten, Herrnhuter. Goethe und die Stillen im Lande" der Goethe-Philologie neue Wege aufzeigt. Als sein „Abschiedsgeschenk" an Halle betrachtet Paul Raabe nach seinen eigenen Worten die monumentale Bibliographie der Schriften von August Hermann Francke, die er gemeinsam mit Almut Pfeiffer im Jahr 2001 herausgegeben hat. Das augenblicklich letzte bedeutende Werk kehrt also zu den Anfängen des Bibliographen zurück.

Mit seinen für Liebhaber geschriebenen Führungen durch das Wolfenbüttel Lessings, durch Goethes Weimar oder Nietzsches Sils-Maria hat Paul Raabe die im 18. Jahrhundert so beliebte Gattung des literarischen Spaziergangs zu neuem Leben erweckt. Der Leser dieses Bandes ist nun eingeladen zu einem anregenden Spaziergang durch das Schriftenverzeichnis eines großen Gelehrten, der sich mit seinen wissenschaftlichen Publikationen und forschungspolitischen Initiativen selbst das schönste Denkmal gesetzt hat.

Geleitwort zur zweiten Ausgabe

Als im Jahr 1987 zum 60. Geburtstag von Paul Raabe eine Bibliographie seiner Veröffentlichungen vorgelegt wurde, ahnte wohl kaum jemand, welche Aufgaben Paul Raabe in den nächsten 15 Jahren bewältigen würde. Seine Arbeiten waren von den großen Veränderungen gezeichnet, die der Weg in die deutsche Einheit im Jahr 1990 mit sich brachten.

In seinem Buch *Bibliosibirsk oder Mitten in Deutschland* (1992) beschreibt Paul Raabe auf den Seiten 315 ff. die aufregenden Wochen und Monate seit Oktober 1989 in Wolfenbüttel, 20 km entfernt von der deutsch-deutschen Grenze, und welche Bedeutung der Wandel für die Herzog August Bibliothek und für Wolfenbüttel hatte. Wolfenbüttel lag nun wieder mitten in Deutschland!

Stets war es für Paul Raabe ein Anliegen, ebenso wie mit ausländischen Institutionen und Wissenschaftlern die deutsch-deutschen Kontakte zu fördern und Beziehungen zu wissenschaftlichen Kollegen in Weimar, Dresden, Gotha und Halle auf den Gebieten der Buch- und Bibliothekgeschichte, des Barock und der Aufklärung zu pflegen. Unter schwierigen Umständen gelang es in den achtziger Jahren, Wissenschaftler aus den osteuropäischen Ländern zu Forschungsaufenthalten und Arbeitsgesprächen einzuladen.

Auf Grund seiner Goethe-Forschungen bestanden für Paul Raabe von Anfang an Verbindungen zu den Nationalen Forschungs- und Gedenkstätten der klassischen deutschen Literatur in Weimar (heute: Stiftung Weimarer Klassik). „Der Deutsche Taschenbuchverlag in München kündigte 1985 einen Taschenbuchreprint der 143bändigen Weimarer Ausgabe der Werke, Tagebücher und Briefe an, die zwischen 1887 und 1919 erschienen war und als historisch-kritische Edition immer noch nicht ersetzt ist. In 50 Bänden wurden damals die Briefe Goethes in chronologischer Folge, aber mit laufenden Nachträgen und Nachträgen zu den Nachträgen veröffentlicht. Nun hatte ich während meiner Studienzeit als Redaktionsassistent von Hans Pyritz in Hamburg alle späteren Ergänzungen der Briefe der Weimarer Ausgabe für die 'Goethe-Bibliographie' gesammelt und später die Herausgabe mit der Goethe-Gesellschaft verabredet. Das Erscheinen des Reprints löste spontan den Wunsch aus, die Briefausgabe endlich, die Weimarer Ausgabe ergänzend, herauszugeben." So konnte Paul Raabe nach mehreren Arbeitsaufenthalten ab 1986 in Weimar die *Nachträge und Register zur IV. Abteilung: Briefe zu Goethes Werken* in zwei Bänden mit einem weiteren Registerband, den Mechthild Raabe erarbeitet hatte, 1990 herausgeben.

Bei diesen Aufenthalten wurde auch über eine Zusammenarbeit zwischen Weimar und Wolfenbüttel diskutiert, und es fand schon im Oktober 1989 ein Arbeitsgespräch mit Wissenschaftlern aus Weimar in der Herzog August

Bibliothek aus Anlass der Wiederkehr des 250. Geburtstages von Herzogin Anna Amalia von Sachsen-Weimar statt, dessen Ergebnisse in den *Wolfenbütteler Beiträgen* Band 9 (1994) veröffentlicht wurden.

Während des Aufenthalts in Weimar zeichneten sich bereits die politischen Veränderungen ab. „... und in diesem Glücksgefühl stellte ich, unterstützt von meiner Frau, in kürzester Zeit die *Spaziergänge durch Goethes Weimar* zusammen.". In fünf Spaziergängen beschreibt Paul Raabe die historisch, literarisch und künstlerisch bemerkenswerten Häuser, Plätze und Denkmäler von der Klassik bis ins 20. Jahrhundert. Das Buch erschien 1990 im Arche-Verlag. Eine überarbeitete Auflage wurde 1993 herausgegeben, heute liegt die 8. Auflage vor.

Mit der Universität Halle hatte sich seit Ende der achtziger Jahre eine engere Beziehung angebahnt, wie es Paul Raabe in seinem Buch *Bibliosibirsk oder Mitten in Deutschland* beschreibt. In den Franckeschen Stiftungen, deren stark vernachlässigte Gebäude zum Teil von mehreren Institutionen genutzt wurden, sollte ein Institut für Aufklärungsforschung in Zusammenarbeit mit der Universität Halle und mit Unterstützung der Stiftung Volkswagenwerk entstehen. Ein Kooperationsvertrag wurde 1989 geschlossen, und Paul Raabe war in seinen letzten Dienstjahren von Wolfenbüttel aus mit großem Einsatz als Berater beim Wiederaufbau der Franckeschen Stiftungen tätig. In seinem Aufruf *Rettet die Franckeschen Stiftungen,* in Artikeln und Aufsätzen wies Paul Raabe immer wieder auf die desolaten Zustände der Gebäude in der Franckeschen Stiftungen hin. Ab 1992 konnte sich Paul Raabe als Direktor der Franckeschen Stiftungen ganz dem Aufbau widmen, und es gelang ihm, in zehn Jahren die Franckeschen Stiftungen als eine öffentlich-rechtliche Stiftung wieder zu errichten, Gebäude für Gebäude zu restaurieren und einer Nutzung zuzuführen. Gleichzeitig ging der Ausbau der Stiftung zu einer Kultur- und Studienstätte vorab zur Aufklärungs- und Pietismusforschung voran. Ähnlich wie in Wolfenbüttel entstand sowohl ein wissenschaftliches als auch ein Kulturprogramm, das in zahlreichen Veröffentlichungen seinen Niederschlag fand, so dass in der Bibliographie für diese Veröffentlichungen ebenso wie für die der Herzog August Bibliothek ein eigenes Kapitel eingerichtet wurde.

In den *Schriften der Franckeschen Stiftungen* liegt seit 1992 ein Jahresprogramm vor, das jedes Jahr unter einem anderen Motto steht. Neben wissenschaftlichen Veranstaltungen werden Konzerte, Vorträge, Ausstellungen angekündigt, das Lindenblütenfest im Juni nicht zu vergessen, das besonders bei der Bevölkerung immer großen Anklang findet. In einem *Rundgang durch die Franckeschen Stiftungen* beschreibt Paul Raabe die einzelnen Gebäude und ihre Funktionen.

Nach der Restaurierung des Hauptgebäudes konzipierte hier Paul Raabe die Ausstellungen *Das Hallesche Waisenhaus. Das Hauptgebäude der Franckeschen Stiftungen* (1995), *Pietas Hallensis universalis. Weltweite Beziehungen der Franckeschen Stiftungen im 18. Jahrhundert* (1995), *Schulen machen Geschichte. 300 Jahre Erziehung in den Franckeschen Stiftungen* (1997), *Vier Thaler und sechszehn Groschen. August Hermann Francke, der Stifter und sein Werk* (1998), sowie die Ausstellung zu Goethes 250. Geburtstag *Separatisten, Pietisten, Herrnhuter. Goethe und die Stillen im Lande* (1999). Die umfangreichen Kataloge sind in der Reihe *Kataloge der Franckeschen Stiftungen* erschienen. In den Franckeschen Stiftungen wurde die Erschließung der reichen Quellen des Archivs und der Bibliothek gefördert. In der Reihe *Hallesche Quellenpublikationen und Repertorien* legte Paul Raabe Band 5 (2001): *August Hermann Francke. Bibliographie seiner Schriften.* vor. In den *Halleschen Forschungen* erscheinen die Ergebnisse der Symposien, die in den Franckeschen Stiftungen stattfinden, sowie Einzeluntersuchungen.

Nachdem Paul Raabe im Herbst 2000 sein Amt als Direktor der Franckeschen Stiftungen in jüngere Hände legen konnte, übernahm er auf Anregung des Beauftragten der Bundesregierung für Kultur und der Medien die Aufgabe ein sogenanntes *Blaubuch* zu erarbeiten, das eine Übersicht über die kulturellen „Leuchttürme" in Brandenburg, Mecklenburg-Vorpommern, Sachsen, Sachsen-Anhalt und Thüringen und in einem Anhang die kulturellen Gedächtnisorte enthält, die der Förderung seitens der Bundesrepublik Deutschland bedürfen. Nach zwölf Reisen zu den wissenschaftlichen Forschungsstätten, Bibliotheken und Museen in den neuen Bundesländern wurde ein erste Entwurf dem Staatsminister Professor Dr. Nida-Rümelin im Herbst 2001 vorgelegt.

In der vorliegenden Bibliographie sind die Titel zur besseren Übersicht nach den Veröffentlichungsformen geordnet. Den Buchveröffentlichungen folgen die Editionen, die Schriftenreihen und Sammelbände, weiterhin die Veröffentlichungen, an denen Paul Raabe als Mitarbeiter beteiligt war, die Ausstellungskataloge und die mit Vorworten versehenen Publikationen. In einem eigenen Kapitel sind die frühen Zeitungsartikel aus den Jahren 1949-1956 zusammengefasst. Die Beiträge in Büchern, Festschriften und Zeitschriften sind sachlich geordnet, und zwar nach den Gebieten Deutsche Literatur- und Kulturgeschichte, zum Buch- und Bibliothekswesen, Kulturpoltische Beiträge, Autobiographisches und Persönliches, Herzog August Bibliothek und Franckesche Stiftungen.

Paul Raabe hat viele Ehrungen erfahren, in zahlreichen Veröffentlichungen wurden seine Verdienste gewürdigt. Der Bibliographie sind die Festschriften und Widmungen sowie die Veröffentlichungen über Paul Raabe angefügt, gefolgt von einer Zeittafel, die seinen Lebensweg, von Mechthild Raabe zusammengestellt, nachzeichnen.

Die Titel sind durchnumeriert und in den einzelnen Kapiteln chronologisch geordnet. Im Register der Personen und dem Schlagwortregister weisen die Zahlen auf die entsprechenden Nummern im Hauptteil hin.

Ich freue mich, Paul Raabe zu seinem 75. Geburtstag eine Neuauflage der Bibliographie mit meinen herzlichen Wünschen für seine Gesundheit, sein weiteres Wirken und Schaffen vorlegen zu können. Klaus G. Saur danke ich, dass die Bibliographie wiederum in seinem Verlag erscheint. Mein besonderer Dank gilt auch Peter Pfeiffer für seine freundliche Unterstützung bei der Drucklegung und Georg Ruppelt, der als Herausgeber dem Band eine besondere Note verliehen hat.

Wolfenbüttel, im November 2001 Barbara Strutz

Geleitwort zur ersten Ausgabe (1987)

Paul Raabe begann seine literarische Tätigkeit bereits im Jahr 1949. Schon während seiner Ausbildung zum Diplom-Bibliothekar und seines Studiums in Hamburg veröffentlichte Paul Raabe seine ersten Artikel – manchmal zweimal wöchentlich – in der Oldenburger *Nordwest-Zeitung* oder im *Leuchtfeuer,* einer Oldenburger Schülerzeitschrift für Jungen und Mädchen bis zu zwölf Jahren. Meistens handelte es sich um Themen zur kulturellen Geschichte von Stadt und Land Oldenburg zwischen Barock und Biedermeier oder um Artikel zu Dichter-Gedenktagen oder -Geburtstagen.

1949 erschien auch im *Hamburger Tageblatt* sein Bericht *Magie der Zeichenfeder. Von der Arbeit des Hamburger Kubin-Archivs,* wo er seit Februar 1948 neben seiner Ausbildung tätig war. „Durch Vermittlung des verstorbenen Bibliothek-Amtmanns Paul Viebig, der im Krieg das Kubin-Archiv vor dem Untergang rettete, war es mir vergönnt, seit Februar 1948 im Kubin-Archiv zu arbeiten. Neben der Inventarisierung der Bestände nahm ich die Ausarbeitung der Druckfassung des Oeuvre-Katalogs in Angriff", so schreibt Paul Raabe im Vorwort zu seiner ersten Buchveröffentlichung *Alfred Kubin. Leben, Werk, Wirkung,* das 1977 im Rowohlt-Verlag erschien. Dr. Kurt Otte, Fischmarkt-Apotheke, Hamburg, hatte in vierzigjähriger Arbeit ein Kubin-Archiv zusammengetragen und war für Paul Raabe „ein unvergeßlicher Mentor, der mich auch mit den Hauptautoren des literarischen Expressionismus vertraut machte, die ich an der Hamburger Universität durch Hans Wolffheim und vor allem durch Karl Ludwig Schneider näher kennenlernte, dem ich an seiner Stadler-Ausgabe und dann bei der Herausgabe der Werke und Dokumente Georg Heyms einige Zeit half."

Paul Raabes Dissertation über die Briefe Hölderlins wurde 1957 abgeschlossen. „Die Briefe Hölderlins liegen seit einigen Jahren innerhalb der von Friedrich Beissner herausgegebenen Grossen Stuttgarter Ausgabe in einer erschöpfenden Edition vor. Der Textteil erschien 1954, der Kommentar 1958. Ich hatte das Glück, in den Jahren 1953 bis 1957 dem Bearbeiter, Professor Dr. Adolf Beck, bei der Schlußredaktion der beiden Halbbände behilflich sein zu können. In dem Umkreis dieser Tätigkeit entstand als Dissertation das vorliegende Buch als Beitrag zur Hölderlin-Forschung und als methodische Überlegung zur Frage einer Briefuntersuchung."

Während seines Studiums in Hamburg und als Mitarbeiter an der *Goethe-Bibliographie* von Hans Pyritz erschienen weitere Arbeiten zur Literatur der deutschen Klassik und zur Buch- und Verlagsgeschichte des 18. Jahrhunderts. So wurden unter anderem ungedruckte Goethe-Briefe im *Jahrbuch der Goethe-Gesellschaft* bekannt gegeben und ein umfangreicher Beitrag über den Verleger Friedrich Wilmans im *Bremischen Jahrbuch* veröffentlicht.

In der Hamburger Zeit beginnt auch die Tätigkeit als Mitarbeiter von Kurt Kusenberg bei den *Rowohlt-Monographien*. Für über 70 Bände bearbeitete Paul Raabe den bibliographischen und dokumentarischen Anhang.

Im Jahr 1958 ging Paul Raabe als Bibliothekar zum Schiller-National-museum und dem gerade gegründeten Literatur-Archiv in Marbach. „Im Schillerjahr 1960 erhielt ich den Auftrag, gemeinsam mit Ludwig Greve und Ingrid Grüninger eine *Expressionismus-Ausstellung* vorzubereiten, die – im Mai 1960 eröffnet – vor allem auch wegen des Katalogs großen Anklang fand." Die Ausstellung wurde in Israel und New York gezeigt, und der Katalog, seit langem vergriffen, erlebte im Jahr 1986 eine Neuauflage.

Aus der Beschäftigung mit dem Expressionismus resultierten neben vielen anderen Arbeiten die Herausgabe des Repertoriums *Die Zeitschriften und Sammlungen des literarischen Expressionismus* (Stuttgart 1964), des Nach-drucks von Pfempferts *Aktion* (Stuttgart, München 1961 – 67) und schließlich des 18bändigen Repertoriums, des *Index Expressionismus*, einer Biblio-graphie der Beiträge in den Zeitschriften und Jahrbüchern des literarischen Expressionismus 1910 – 1925 (Nendeln 1972).

Die *Einführung in die Bücherkunde zur deutschen Literaturwissenschaft*, als erstes Bändchen in der *Sammlung Metzler* erschienen, ist zu einem unent-behrlichen Hilfsmittel für Germanistik-Studenten geworden und liegt inzwi-schen in zehn, immer wieder bearbeiteten Auflagen vor.

Schon in Marbach setzte sich Paul Raabe für die Dokumentation der Geistes-wissenschaften ein, die er in vorbildlicher Weise für die neuere deutsche Li-teratur im Deutschen Literaturarchiv verwirklichte.

Als Paul Raabe im Jahr 1968 als Nachfolger von Erhart Kästner Direktor der Herzog August Bibliothek in Wolfenbüttel wurde, galt seine ganze Kraft dem Ausbau der Herzog August Bibliothek zu einer Forschungsstätte für euro-päische Kulturgeschichte der frühen Neuzeit.

Mit den *Kleinen Schriften* eröffnete er die Serie der Veröffentlichungen, die heute auf dem Publikationsprogramm der Herzog August Bibliothek stehen. In den ersten beiden Heften, machte Paul Raabe Besucher und Benutzer der Bibliothek mit ihrer Geschichte und ihren musealen Räumen bekannt und gab eine Einführung in die Bestände und Kataloge der Bibliothek.

1972 war der Umbau der Herzog August Bibliothek – von Erhart Kästner 1950 begonnen – abgeschlossen. In einem Festjahr feierte die Bibliothek ihr 400jähriges Jubiläum mit zahlreichen Veranstaltungen wie Kolloquien, Vor-trägen, Ausstellungen, Konzerten und nicht zuletzt mit einem Literarischen Volksfest.

Für die Ausstellungen, in denen Handschriften und Inkunabeln bis hin zu den Malerbüchern Kostbarkeiten aus den Beständen der Bibliothek gezeigt wurden, begann Paul Raabe die Reihe der Ausstellungskataloge der Herzog August Bibliothek. Unter anderem fand 1972 die Ausstellung *Barocke Bücherlust* statt, die dem Besucher das Herzstück der Bibliothek, die Barocksammlung von Herzog August und seinen Nachfolgern, vorstellte.

Das erste illustrierte deutsche Buch, *Ulrich Boners Edelstein* aus dem Besitz der Herzog August Bibliothek, erfuhr im Festjahr 1972 eine Faksimileausgabe, nachdem schon 1970 *Ernst Theodor Langers Stammbuch* in Auswahl als Faksimile mit einem Kommentar von Paul Raabe erschienen war.

Im Anknüpfung an Lessings *Zur Geschichte und Literatur aus den Schätzen der Herzoglichen Bibliothek in Wolfenbüttel (1773 – 1781)* gab Paul Raabe 1972 im Verlag Vittorio Klostermann, Frankfurt a.M., den ersten Band der *Wolfenbütteler Beiträge. Aus den Schätzen der Herzog August Bibliothek* heraus. „So haben diese neuen *Wolfenbütteler Beiträge* die Aufgabe, neue Quellen und Forschungen aus den ‚Schätzen der Herzog August Bibliothek‘ bekannt zu machen und gleichzeitig diese Studien in dem Zusammenhang der eignen, noch unerschlossenen Bibliotheksgeschichte zu stellen.“

Seit dem Aufbau des Forschungsprogramms 1975 und dessen feste Verankerung in den Aufgabenbereich der Bibliothek entstand auf Anregung von Paul Raabe ein umfangreiches Publikationsprogramm mit Schriftenreihen und Informationsblättern, mit Quellenveröffentlichungen und Katalogen.

Hier ist der Ort, wo aus der Fülle der unbekannten und ungeahnten Quellen der Herzog August Bibliothek von Gelehrten, die aus vielen verschiedenen Ländern zu Forschungsaufenthalten und Tagungen nach Wolfenbüttel kommen, die Forschungsergebnisse publiziert werden.

Auch für Paul Raabe war es immer ein Vergnügen, sich in die Schätze der Bibliothek zu vertiefen und aus ihren reichen Quellen zu schöpfen, sobald ihm die Verwaltungs- und Organisationsaufgaben Zeit dazu ließen. Es entstand eine Reihe von Aufsätzen zur Buch- und Bibliotheksgeschichte. Die wichtigsten wurden später mit Aufsätzen aus den früheren Jahren in dem Band *Bücherlust und Lesefreuden* (Stuttgart 1984) zusammengefasst.

Die Eröffnung des Lessinghauses 1978 und das Lessingjahr 1978/79 bewirkten einige Publikationen über Lessing und seiner Zeit. Zum 400. Geburtstag von Herzog August im Jahr 1979 erschien unter Federführung von Paul Raabe ein umfangreicher Katalog zur ersten Niedersächsischen Landesausstellung in Wolfenbüttel *Sammler, Fürst, Gelehrter, Herzog August zu Braunschweig und Lüneburg 1579 – 1666.* Aus der Beschäftigung mit der

Gelehrtengeschichte des 17. und 18. Jahrhunderts ging eine Reihe von weiteren Publikationen hervor.

In den siebziger und frühen achtziger Jahren entstanden einige kultur-politische Arbeiten, die sich mit der Lage der Stadt- und Landesbibliotheken mit historischen Beständen befassen oder mit der Situation der Bibliotheken in der technischen Welt auseinandersetzen. Einige dieser Aufsätze wurden 1986 in überarbeiteter Form im Metzler-Verlag unter dem Titel *Die Biblio-thek als humane Anstalt betrachtet. Plädoyer für die Zukunft der Buchkultur* veröffentlicht.

Erst in neuester Zeit konnte Paul Raabe seine Forschungen zum literarischen Expressionismus wieder aufnehmen. Das vor mehr als zwanzig Jahren in Marbach gesammelte reiche Material wurde überarbeitet, und so erschien 1985 im Metzler-Verlag das bibliographische Handbuch *Die Autoren des literarischen Expressionismus.*

„Es war der Ehrgeiz des Bibliographen, einen neuen Zugang zur Bücherwelt des Expressionismus und zur Lebenswelt ihrer Autoren zu eröffnen. Nach Erschließung der Zeitschriften und Sammlungen ist es an der Zeit, die Hauptwerke des Expressionismus, die Bücher zu beschreiben, ihre Titel zusammenzustellen, und so die Zeit des Expressionismus insgesamt über-schaubar zu machen. Dieses Werk kann so die Expressionismusforschung zu weiteren Untersuchungen und Überlegungen anregen, vor allem soll es dazu beitragen, dieser Epoche neue Freunde zuzuführen und die Erinnerung an diese immer noch anregende Phase der Literatur- und Kunstgeschichte lebendig zu erhalten."

Nach einer Neuausgabe von Gottfried Benns *Statischen Gedichten* im Arche Verlag 1984 zeichnete Paul Raabe in einer Ausstellung in der Stadtbibliothek Hannover 1986 die Jahre nach, die Gottfried Benn von 1935 bis 1937 in Hannover verbringen musste.

Zu einigen Arbeiten hat Paul Raabe in den vergangenen Jahren Vorarbeiten geleistet und Material gesammelt, etwa zu den Themen

- Leser und Lektüre in Wolfenbüttel im 18. Jahrhundert.
- Übergang von der höfischen zur bürgerlichen Gesellschaft.
- Lessing in Italien. Lessings Bucherwerbungen auf seiner Italienreise 1975.
- Die Buchkultur im 17. Jahrhundert in Deutschland.
- Die Geschichte des deutschen Buchhandels in der Weimarer Republik.

Weitere Pläne sind schon konzipiert und noch viele Ideen harren ihrer Ver-wirklichung. So wünschen wir Paul Raabe zum 21. Februar 1987 sehr herzlich, dass er in dem nun beginnendem Lebensabschnitt seine Forschungen in Gesundheit und mit ungebrochener Schaffenskraft fortführen kann. Möchte diese Bibliographie als Zeichen meiner Dankbarkeit und Freude, Paul Raabe auf seinem Weg in Wolfenbüttel begleiten zu dürfen, angenommen werden.

Wolfenbüttel, im Dezember 1986 Barbara Strutz

Ich schneide die Zeit aus

**Expressionismus
und Politik
in
Franz Pfemferts
›Aktion‹
Herausgegeben von
Paul Raabe**

**dtv
dokumente**

1. Buchveröffentlichungen
1.1 Bücher und Broschüren

1

Von Jöcher zu Ebert. Die deutsche Literaturverzeichnung von 1780 - 1830.
Prüfungsarbeit. -
Hamburg 1948. 77 gez. Bl. 4° [Masch.]

2

Alfred Kubin. Leben, Werk, Wirkung. Im Auftr. von Kurt Otte, Kubin-Archiv in
Hamburg, zusammengestellt von Paul Raabe. (Mit insgesamt 137 Bildern, davon 83
im Text, 50 auf Kunstdrucks. u. 4 Farbtaf. in vierfarb. Buchdr. Ferner mit 1 Brieffaks.
als Beil.) -
Hamburg: Rowohlt 1957. 295 S. 8°
Gesonderter Abdruck und Übersetzung in englisch, französisch und spanisch:
Alfred Kubin. 1877-1977. Vorwort Berthold Spangenberg. Lebensbericht in
Dokumenten. Zusammengestellt von Paul Raabe.
München: edition spangenberg im Ellermann-Verl. 1977. 31 S., 38 Abb. 8° (engl.,
franz. u. span. Ausgabe)

3

Einführung in die Bücherkunde zur deutschen Literaturwissenschaft.
Mit 13 Tab. im Anhang. -
Stuttgart: Metzler 1961. 81 S. 8°
(Sammlung Metzler. Bd. 1. Abt. B.)

2., durchges. Aufl. 1961.
3., durchges. Aufl. 1962.
4., verb. Aufl. 1964.
5., verb. Aufl. 1966.
6., überarb. Aufl. 1969.
7., durchges. Aufl. 1971.
8., durchges. Aufl. 1975.
9., durchges. Aufl. Unter Mitarb. von Werner Arnold und Ingrid Hannich-Bode. 1980.
VIII, 104 S.
10., unveränd. Aufl. unter Mitarbeit von Werner Arnold und Ingrid Hannich-Bode.
1984. VIII, 104 S., 2 Beil. in Rückent.
11., völlig neu bearb. Aufl. unter Mitarbeit von Werner Arnold und Ingrid Hannich-
Bode. 1994. VIII. 148 S.

4

Quellenkunde zur neueren deutschen Literaturgeschichte. -
Stuttgart: Metzler 1962. 144 S. 8°
(Sammlung Metzler. Bd. 21.)

2., umgearb. Aufl. d. darstellenden Teils der "Quellenkunde zur neueren deutschen
Literaturgeschichte" u. d. T.:
Einführung in die Quellenkunde zur neueren deutschen Literaturgeschichte. -
Stuttgart: Metzler 1966. VIII, 94 S. 8°
(Sammlung Metzler. 21a.)
3. Auflage 1974

5
Die Briefe Hölderlins. Studien zur Entwicklung und Persönlichkeit des Dichters. -
Stuttgart: Metzler 1963. X, 326 S. 8°
(Germanistische Abhandlungen. 2.)
(Überarbeitete Fassung der maschinenschriftlichen Dissertation. Hamburg, Juli 1957.)

6
Die Zeitschriften und Sammlungen des literarischen Expressionismus.
Repertorium der Zeitschriften, Jahrbücher, Anthologien, Sammelwerke,
Schriftenreihen und Almanache 1910-1921. -
Stuttgart: Metzler (1964). XIV, 263 S. 8°
(Repertorien zu deutschen Literaturgeschichte. Bd. 1.)

7
Der Ausgang des Expressionismus. -
Biberach a. d. Riss: Wege und Gestalten (1966). 7 Bl., 58 S., 10 Bl. 8°

8
**Bibliothek des Deutschen Literaturarchivs im Schiller-Natonalmuseum
Marbach a. Neckar.** Die inhaltliche Erschliessung der deutschen literarischen
Zeitschriften seit 1880. Titelliste d. bearb. Zeitschriften. (Bearb. Barbara Grötschelt,
Paul Raabe.) Stand: Januar 1966. -
(Marbach a. N. 1966.) 34 gez. Bl. 4°

9
Quellenrepertorium zur neueren deutschen Literaturgeschichte. 2.,
umgearb, Aufl. d. quellenkundlichen Teils der "Quellenkunde zur neueren deutschen
Literaturgeschichte". -
Stuttgart: Metzler 1966. VIII, 112 S. 8°
(Sammlung Metzler. 21b.)
3., vollst. neu bearb. Aufl. von Paul Raabe und Georg Ruppelt. 1981. IX, 194 S. 8°
(Sammlung Metzler. 74, Abt. B.)

10
Felixmüller - Grösse und Wandlungen des späten Expressionismus.
Veröffentlicht aus Anlass der Ausstellung Conrad Felixmüller in den Städt.
Sammlungen (Braith-Mali-Museum). -
Biberach a. d. Riss 1968. 5 Bl. m. Abb. 8°
Wiederabdruck in:
Conrad Felixmüller, von ihm - über ihn. Texte von und über Conrad Felixmüller,
hrsg. von Gerhart Söhn. -
Düsseldorf: Edition Gerhart Söhn 1977, S. 267-277.

11
Die Herzog August Bibliothek als Museum. -
Wolfenbüttel 1970. 87 S. m. Abb. 8°
(Kleine Schriften der Herzog August Bibliothek. H. 1.)
2., unveränd. Aufl. 1972.

12

Die Herzog August Bibliothek Wolfenbüttel. Bestände, Kataloge.
Erschliessung. -
Wolfenbüttel (: Heckner) 1971. 87 S. 8°
(Kleine Schriften der Herzog August Bibliothek. H. 2.)

13

Ein Schatzhaus voller Bücher. Die Herzog August Bibliothek in Wolfenbüttel.
(Farbaufn. Günter Schöne und Jutta Görke.) -
Hannover: Madsack (1971). 52 S. m. 26 Farbtaf. 8°
2., unveränd. Aufl. 1971.
3., unveränd. Aufl. 1976.

14

Index Expressionismus. Bibliographie der Beiträge in den Zeitschriften und
Jahrbüchern des literarischen Expressionismus. 1910-1925. Im Auftrage des Seminars
für deutsche Philologie der Universität Göttingen und in Zusammenarbeit mit dem
Deutschen Rechenzentrum Darmstadt hrsg. von Paul Raabe. Bd. 1-18. -
Nendeln, Liechtenstein: Kraus-Thomson 1972. 4°
Bd. 1-4: Serie A. Alphabetischer Index. T. 1-4. XLIV, 2895 S.
Bd. 5-9: Serie B. Systematischer Index. T. 1-5. VIII, 4001 S.
Bd. 10-14: Serie C. Index nach Zeitschriften. T. 1-5. XXXVI, 2582 S.
Bd. 15-16: Serie D. Titelregister. T. 1. 2. VI. 1308 S.
Bd. 17-18: Serie E. Gesamtregister. T. 1. 2. X, 1594 S. .

15

Kulturelle Bewusstseinsbildung in einer Mittelstadt. Festvortrag gehalten
anlässlich des 750jährigen Bestehens der Stadt Peine am 12. Mai 1973 im Rathaussaal
Peine. Hrsg. v. Druckhaus A. Schlaeger zum 750jährigen Jubiläum der Stadt Peine. -
Peine 1973. 26 S. 8°

16

Der alten Stadt eine Zukunft. Wolfenbüttel als Beispiel. -
Wolfenbüttel: Jacobi (1975). 43 S. 8°
(Wolfenbütteler Hefte. 1.)

17

Alten Bibliotheken eine Zukunft. Gedanken zur Überwindung des Notstandes in
den deutschen Landes- und Stadtbibliotheken. Festrede gehalten am 5. Mai 1978 zur
Feier des zweihundertjährigen Jubiläums der Hessischen Landesbibliothek Fulda. -
Fulda: Hessische Landesbibliothek 1978. 43 S. 8°
(= Veröffentlichungen der Hessischen Landesbibliothek Fulda. Bd. 1.)
Wiederabdruck in:
Zeitschrift für Bibliothekswesen und Bibliographie. 25(1978), S. 353-369.

Durchgesehener und überarb. Wiederabdruck in:
Paul Raabe: Die Bibliothek als humane Anstalt betrachtet. Plädoyer für die Zukunft
der Buchkultur.
Stuttgart: Metzler 1986, S. 11-32.

18
Das Lessinghaus in Wolfenbüttel. Ein Literaturmuseum für einen deutschen
Schriftsteller des 18. Jahrhunderts. -
Wolfenbüttel: Herzog August Bibliothek 1978. 32 S. m. 30 Abb. 8°
(Kleine Schriften der Herzog August Bibliothek. H. 6.)

19
Wolfenbüttel. Bilder aus der Lessingstadt. Mit Fotos von Wolfgang Lange und
Günter Schöne. -
Hamburg: Christians 1978. 131 S. Text m. Abb. quer-8°
2., neubearb. Aufl. 1993. Mit Fotos von Wolfgang Lange.

20
Lessing - Erinnerung und Gegenwart. Das Lessinghaus in Wolfenbüttel.
Fotograf: Günter Schöne. -
Hamburg: Christians 1979. 91 S. m. Abb. 8°

21
Kultur und Wirtschaft. Festvortrag anlässlich der Verabschiedung von
Landesbankdirektor Rudolf Tömer, Mitglied des Vorstands der NORD LB, am
17. Januar 1980 in der Stadthalle Hannover. -
(Hannover 1980.) 15 S. 8°
(Schriftenreihe NORD LB Norddeutsche Landesbank Girozentrale. Bd. 7.)

22
Die Herzog August Bibliothek im Wandel. Ein Bericht in Bildern 1971 - 1981.
Anlässlich des 10jährigen Bestehens der Gesellschaft der Freunde der Herzog August
Bibliothek Wolfenbüttel zusammengestellt von Paul Raabe. Mit Fotos von Günter
Schöne. -
Wolfenbüttel: Herzog August Bibliothek 1981. 89 S. m. 120 Abb. 4°
(Jahresgabe 1981 für die Mitglieder der Gesellschaft der Freunde der Herzog August
Bibliothek Wolfenbüttel e. V.)

23
**Der Briefnachlass Gerhard Anton von Halems (1752 - 1819) in der
Landesbibliothek Oldenburg.** Katalog. -
Millwood, N. Y.: Kraus International Publ. 1982. X, 45 S. 8°
(Repertorien zur Erforschung der frühen Neuzeit. Bd. 3 = Kataloge der
Landesbibliothek Oldenburg. H. 1.)

24
Bücherlust und Lesefreuden. Beiträge zur Geschichte des Buchwesens im 18.
und frühen 19. Jahrhundert. -
Stuttgart: Metzler 1984. X, 344 S. 8°
[Die Aufsätze sind einzeln verzeichnet]

25
Die Autoren und Bücher des literarischen Expressionismus. Ein
bibliographisches Handbuch. In Zusammenarbeit mit Ingrid Hannich-Bode. -
Stuttgart: Metzler 1985. XIV, 1002 S. m. 245 Abb. u. 77 Fotos. 8°
2., verb. und mit Ergänzungen und Nachträgen 1985-1990 erw. Aufl.
1992. XIV, 1049 S. mit 245 Abb. und 77 Fotos

26
Gedanken zur Buchkultur in der heutigen Zeit. Festvortrag zum 75jährigen
Jubiläum der Firma Gillmeister. -
Peine 1985. 12 S. 8°
Durchgesehener und überarbeiteter Wiederabdruck in:
Paul Raabe: Die Bibliothek als humane Anstalt betrachtet. Plädoyer für die Zukunft
der Buchkultur.
Stuttgart: Metzler 1986, S. 91-105.

27
Die Bibliothek als humane Anstalt betrachtet. Plädoyer für die Zukunft der
Buchkultur. -
Stuttgart: Metzler 1986. 108 S. 8°
[Die Aufsätze sind einzeln verzeichnet.]

28
Gottfried Benn in Hannover. 1935-1937. -
Seelze-Velber: Friedrich 1986. 100 S. m. Abb. 8°

29
Wie Shakespeare durch Oldenburg reiste. Skizzen und Bilder aus der
oldenburgischen Kulturgeschichte. -
Oldenburg: Holzberg 1986. 360 S. m. 178 Abb. 8°
[Die Aufsätze sind einzeln verzeichnet.]

30
Alte Bibliotheken - kulturpolitische Chance. Festvortrag zum 150. Geburtstag
der Landesbibliothek Eutin am 21. März 1987. -
Eutin 1987. 15 S. 8°
(Eutiner Bibliotheks-Hefte. 1.)
Wiederabdruck in:
Paul Raabe: Tradition und Herausforderung. Kulturpolitische Betrachtungen. –
Seelze 1990, S. 63-76.

31
**Archive, Bibliotheken, Museen - Zwischen Wissenschaft und
Management.** Vortrag gehalten anlässlich des Neujahrstreffens der Freunde des
Städtischen Museums Braunschweig am 9. Januar 1987. -
Braunschweig: Städtisches Museum 1987. 15 S. 8°
(Arbeitsberichte. Veröffentlichungen aus dem Städtischen Museum Braunschweig.
Bd. 51.)

32
Die Bibliothek und die alten Bücher. Über das Erhalten, Erschliessen und Erforschen historischer Buchbestände. Vortrag an der Universität Augsburg am 24. Juni 1987. -
Augsburg: Universität Augsburg 1987. 20 S. 8°
(Augsburger Universitätsreden. 11.)

33
Gelehrtenbibliotheken im Zeitalter der Aufklärung. -
Paderborn: Universität-Gesamthochschule 1987. 34 S. 8°
(Paderborner Universitätsreden. Nr. 11.)

34
Kultur als Schrittmacher regionaler Entwicklung. -
Kassel: Gesprächskreis Verantwortung für die Region 1988. 24 S. 4°

35
Schlösser, Bäder und Städte. Aspekte einer niedersächsischen Kulturlandschaft. Festvortrag zur Einweihung von Festung und Schloss Pyrmont nach vollendeter Restaurierung am 29. Mai 1987. -
Bad Pyrmont: Museum im Schloss 1988. 12 S. 8°
Veränderter Wiederabdruck u. d. T.:
Kulturlandschaft Niedersachsen - Herausforderung und Tradition. -
In: Paul Raabe: Tradition und Herausforderung. Kulturpolitische Betrachtungen. Seelze 1990, S. 35-47.

36
Spaziergänge durch Goethes Weimar. -
Zürich: Arche 1990. 186 S. m. Abb. 8°
2. Aufl. 1990.
3. Aufl. 1991.
4. Aufl. 1993, aktualisierte Neuausgabe.
5. Aufl. 1996.
6. Aufl. 1997.
7. Aufl. 1999.
8. Aufl. 2001.

37
Tradition und Herausforderung. Kulturpolitische Betrachtungen. -
Seelze: Knorr und Hirth 1990. 107 S. 8°
[Die Aufsätze sind einzeln verzeichnet.]

38
Bibliosibirsk oder Mitten in Deutschland. Jahre in Wolfenbüttel. -
Zürich: Arche 1992. 597 S. m. Abb. 8°

39
Neue Welt - Alte Welt. 500 Jahre Begegnung mit Amerika 1492-1992. Columbus 1492 - 1992. Wirklichkeit und Legende. -
Wolfenbüttel: Herzog August Bibliothek 1992. 20 S. m. Abb. 8°
(Sonderheft der Wolfenbütteler Bibliotheks-Informationen, Februar 1992.)

40
Spaziergänge durch Nietzsches Sils-Maria. -
Zürich, Hamburg: Arche 1994. 157 S. m. Abb. 8°
2. Aufl. 1995.
3. Aufl. 1996.
4. Aufl. 2000.
5. Aufl. 2001.

41
Das Hallesche Waisenhaus. Das Hauptgebäude der Franckeschen Stiftungen. -
Halle: Verlag der Franckeschen Stiftungen zu Halle 1995. 79 S. m. Abb. 4°
(Kataloge der Franckeschen Stiftungen. 1.)

42
Rundgang durch die Franckeschen Stiftungen. -
Halle/Saale: Verlag der Franckeschen Stiftungen zu Halle 1995. 8 Bl. 8°
neubearb. Aufl. 1998. 31 S. 8°

43
Leskien, Hermann
Die Zukunft der Staatsbibliothek zu Berlin. Gutachten im Auftrag des Bundes-ministeriums des Innern vorgelegt von Hermann Leskien, Karl Wilhelm Neubauer, Paul Raabe. 10. September 1997. -
Berlin: Staatsbibliothek Preussischer Kulturbesitz 1997. 116 S. 8°
(Mitteilungen. Staatsbibliothek Preussischer Kulturbesitz. N.F. 6(1997), Sonderheft.)

44
Spaziergänge durch Lessings Wolfenbüttel. -
Zürich, Hamburg: Arche 1997. 174 S. m. Abb. 8°

45
August Hermann Francke. Bibliographie seiner Schriften. Bearbeitet von Paul Raabe und Almut Pfeiffer. -
Halle: Verlag der Franckeschen Stiftungen im Niemeyer-Verlag Tübingen 2001. 785 S. 8°
(Hallesche Quellenpublikationen und Repertorien. 5.)

46

Blaubuch. Kulturelle Leuchttürme in Brandenburg, Mecklenburg-Vorpommern,
Sachsen, Sachsen-Anhalt und Thüringen. Mit einem Anhang: Kulturelle Gedächtnisorte, Auf Veranlassung des Beauftragten der Bundesregierung für Angelegenheiten
der Kultur und der Medien erarbeitet von Paul Raabe. Erster Entwurf. -
[Berlin] 2001. 306 S. 4°

46 a

In Franckes Fußstapfen. Aufbaujahre in Halle an der Saale. -
Zürich, Hamburg: Arche Verlag, erscheint im Februar 2002, ca. 288 S.

1.2 Editionen

47
**Andreas Streicher - Schillers Flucht von Stuttgart und Aufenthalt in
Mannheim von 1782 bis 1785.** Hrsg. von Paul Raabe. -
Stuttgart: Steinkopf 1959. 240 S. 8°
Neuausg.:
Stuttgart: Reclam (1968). 212 S. 8°
(Universalbibliothek. 4652/4654.)

48
Die Horen. Eine Monatsschrift. Hrsg. von Schiller. Fotomech. Nachdr. d. Exemplars
d. Cotta'schen Hss.-Sammlung. Bd 1/2-11/12.
Tübingen 1795-1797. - Beibd: Einführungen u. Kommentar von Paul Raabe. -
Stuttgart: Cotta (1959). 8°
Darmstadt: Wissenschaftl. Buchges. 1959. 8°
Wiederabdruck der Einführung u. d. T.:
Schillers 'Horen'. -
In: Die Horen. Zeitschrift für Literatur, Grafik und Kritik. 20(1975), H. 2, S. 4

49
Die Aktion. Hrsg. von Franz Pfemfert. Jg. 1-4. 1911-1914. (Photomech.
Nachdruck). Mit Einf. u. Komm. von Paul Raabe. -
Stuttgart. Cotta 1961. 4 Bde. 4°
(Der Kommentar erschien auch als Sonderdruck 1961. 128 S.)
Nachdruck von Jg. 5-8. 1915-1918. Mit Kommentar von Paul Raabe. -
München: Kösel 1967. 2 Bde. 4°

50
Goethe und Sylvie. Briefe, Gedichte, Zeugnisse. Gesammelt u. hrsg. von Paul
Raabe. -
Stuttgart: Cotta (1961). 155 S., 1 farb. Taf. u. 16 Abb. im Text. 8°

51
Ich schneide die Zeit aus. Expressionismus und Politik in Franz Pfemferts
"Aktion" 1911-1918. Hrsg. von Paul Raabe. -
(München:) Deutscher Taschenbuch-Verl. (1964). 385 S. 8°
(dtv. Dokumente. 195/196.)

52
Paul Scheerbart: Lesabéndio. Ein Asteroïdenroman. (Neu hrsg. u. m. Anm.
versehen von Else Harke.) Mit einem Nachwort von Paul Raabe. -
(München:) Deutscher Taschenbuch-Verl. (1964). 168 S. 8°
(dtv, Sonderreihe. 34.)

53
Expressionismus. Aufzeichnungen und Erinnerungen der Zeitgenossen. Hrsg. u.
mit Anmerkungen versehen von Paul Raabe. -
Olten und Freiburg i. Br.: Walter (1965). 422 S. 8°

(Walter-Texte u. Dokumente zur Literatur des Expressionismus.)
Englische Ausgabe u.d.T.:
The Era of Expressionism. Ed. and annotated by J. M. Ritchie. -
London: Calder & Boyars (1974). 423 S. 8°
(German Expressionism.)
Reprint d. Ausgabe 1974:
London: John Calder; Dallas: Riverum Press 1980.

54
Expressionismus. Der Kampf um eine literarische Bewegung. Hrsg. von Paul
Raabe. -
(München:) Deutscher Taschenbuch-Verl. (1965). 318 S. 8°
(dtv. Sonderreihe. 41.)
Neuausgabe:
Zürich: Arche 1987. 319 S. 8°
(Arche-Editionen des Expressionismus.)

55
Hamberger, Georg Christoph
Das gelehrte Teutschland oder Lexikon der jetzt lebenden teutschen Schriftsteller.
Angefangen von Georg Christoph Hamberger, fortgef. von Johann Georg Meusel. Bd
1-23. (Nachdr. d. 5. Aufl. Lemgo 1796-1834.) Mit einem Nachw. von Paul Raabe. -
Hildesheim: Olms 1965-66. LXIV, 8161 S. 8°
Wiederabdruck der Einführung in:
Paul Raabe: Bücherlust und Lesefreuden. -
Stuttgart 1984, S. 117-139.

56
Benn, Gottfried
Den Traum alleine tragen. Neue Texte, Briefe, Dokumente. (Hrsg. von Paul Raabe
und Max Niedermayer.) -
Wiesbaden: Limes-Verl. (1966). 251 S. m. Faks. 8°
Ungekürzte Ausg.:
München: Deutscher Taschenbuch-Verl. (1989). 256 S. 8°
(dtv. 557.)

57
Flugblätter. Hrsg. von Ludwig Kunz. 1923-1931. (Fotomech. Nachdr., Einführung:
Paul Raabe. Nachwort u. Reg.: Ludwig Kunz.) -
Hilversum: De Boekenvriend; Zürich: Limat-Verl. (1966). 95 S. m. Abb. 4°
(Bibliothek literarischer Neudrucke.)

58
Meusel, Johann Georg
Lexikon der vom Jahre 1750-1800 verstorbenen teutschen Schriftsteller. 15 Bde.
Nachdruck d. Ausg. Leipzig 1802-1816. M. e. Geleitwort von Paul Raabe. -
Hildesheim: Olms 1967-68. LXIV, 8161 S. 8°
59
Ernst Theodor Langers Stammbuch. Aus dem Besitz der Herzog August
Bibliothek in Auswahl hrsg. von Paul Raabe. -
Stuttgart: Müller & Schindler (1970). 6 Bl. Faks., 22 S. quer-8°

60
Hölderlin. Eine Chronik in Text und Bild. Hrsg. von Adolf Beck und Paul Raabe. -
(Frankfurt a. M.:) Insel-Verl. (1970). XXXIV, 490 S. m. 282 Abb. 4°
(Schriften der Hölderlin-Gesellschaft. 6/7.)

61
Kafka, Franz
Sämtliche Erzählungen. Hrsg. von Paul Raabe. -
Frankfurt a. M.: Fischer-Taschenbuch-Verl. 406 S. 8°
(Fischer Taschenbücher. 1078.)
1. - 80. Tsd. 1970.
80. -110. Tsd. 1971.
111.-163. Tsd. 1972.
164.-192. Tsd. 1973.
193.-212. Tsd. 1974.
213.-257. Tsd. 1975.
258.-287. Tsd. 1976.
288.-347. Tsd. 1977.
348.-377. Tsd. 1978.
378.-407. Tsd. 1979.
408.-438. Tsd. 1980.
439.-472. Tsd. 1981.
473.-512. Tsd. 1982.
513.-572. Tsd. 1983.
573.-602. Tsd. 1984.
603.-642. Tsd. 1985.
643.-662. Tsd. 1986.
663.-702. Tsd. 1987.
703.-722. Tsd. 1988.
723.-752. Tsd. 1989.
753.-777. Tsd. 1990.
778.-802. Tsd. 1991.
803.-832. Tsd. 1992.
833.-857. Tsd. 1993.
858.-897. Tsd. 1994.
Sonderausg. Frankfurt a.M.: S.Fischer 1970-1981. 1.-40. Tsd. 8°

62
Lessing und Ebert. Briefwechsel 1768-1780. Zusammengestellt und eingeleitet
von Paul Raabe. -
(Braunschweig: Literarische Vereinigung 1970.) 71 S., 4 Bl. Abb. 8°
(Bibliophile Schriften der Literarischen Vereinigung Braunschweig. Bd. 17.)

63
Hirsch, Karl Jakob
Kaiserwetter. Neu hrsg. u. mit einem Nachwort versehen von Paul Raabe. (Nach der
Erstausgabe von 1931.) -
(Frankfurt a. M.: S. Fischer (1971). 260 S. 8° (Im Fischernetz.)
Ungekürzte Ausg.:
Frankfurt a. M.: Fischer-Taschenbuch-Verl. 1981. 228 S. 8°
(Fischer-Taschenbücher. 2297.)
Cisarské Pocasi (Kaiserwetter, tschechisch). Übersetzt von Ruzena Grebenicková. -
Praha: Práce 1976. 271 S. 8°

64

Knigge, Adolph Freiherr von

Die Reise nach Braunschweig. Nach der Erstausgabe hrsg. von Paul Raabe. (Illustriert
von Anneliese Kohring-Kieselbach.) -
Kassel: Wenderoth (1972). XVI, 123 S. m. Abb. 8°
(Bibliophile Schriften der Literarischen Vereinigung Braunschweig. Bd. 18.)

65

Becher, Johannes R.

Gedichte. 1911-1918. Ausgewählt und hrsg. von Paul Raabe. -
(München:) Deutscher Taschenbuch-Verl. (1973). 252 S. 8°
(dtv. Sonderreihe. 123.)

66

Kästner, Erhart

Über Bücher und Bibliotheken. Dresden und Wolfenbüttel. Aufsätze. Die Auswahl
besorgten Wolfgang Milde und Paul Raabe. -
Wolfenbüttel: Herzog August Bibliothek 1974. VIII, 143 S. 8°
(Kleine Schriften der Herzog August Bibliothek. H. 4.)

67

Knigge, Adolph Freiherr von

Sämtliche Werke. In Zusammenarbeit mit Ernst-Otto Fehn, Manfred Grätz, Gisela
von Hanstein und Claus Ritterhoff herausgegeben von Paul Raabe. Photomech.
Nachdr. d. Erstausgaben 1781-1895. Abt. 1-6. -
München, London, New York, Paris: Saur 1992-1993. 24 Bde, zus. 12315 S. 8°
Die Bände 1-12, 14-20, 22 sind bereits 1978 bei KTO-Press Liechtenstein in einer
ersten Bindequote erschienen. Die Bände 13, 21, 23 und 24 wurden erstmals im K. G.
Saur Verlag 1992-1993 veröffentlicht.

68

Benn, Gottfried

Statische Gedichte. Hrsg. von Paul Raabe. (Veränd. Neuausgabe.) -
Zürich: Arche-Verl. 1983. 126 S. 8°
(Die Neue Arche Bücherei. 2.)

Unveränd. Neuausgabe:
Hamburg, Zürich: Luchterhand-Literatur-Verl. 1991. 128 S. 8°
(Sammlung Luchterhand. 991.)

Neuaufl. Zürich: Arche-Verl. 2000. 128 S., 4 Faks., 1 Foto. 8°

69

Kästner, Erhart

Briefe. Hrsg. von Paul Raabe.
Frankfurt a. M.: Insel 1984. 295 S. 8°
2. Aufl. 1985.

70

Lessing, Gotthold Ephraim

Mein lieber Eschenburg. Lessings Briefe an seinen Braunschweiger Bücherfreund.
Mit einem Bücherregister hrsg. von Paul Raabe. -
Braunschweig: Literarische Vereinigung 1985. 68 S. 8°
(Bibliophile Schriften der Literarischen Vereinigung Braunschweig. Bd. 31.)

71

'... und diese Erfahrung habe ich nun auch gemacht'. Texte zum Tod eines
nahen Menschen. Hrsg. von Elisabeth Raabe und Paul Raabe. -
Zürich: Arche 1986. 116 S. 8°
(Neue Arche Bücherei. 19.)

72

Der Kondor. Verse von Ernst Blass, Max Brod, Arthur Drey, S. Friedländer,
Herbert Grossberger, Ferdinand Hardekopf, Georg Heym, Kurt Hiller, Arthur
Kornfeld, Else Lasker-Schüler, Ludwig Rubiner, René Schickele, Franz Werfel, Paul
Zech. Hrsg. von Kurt Hiller 1912. Neudruck. Mit einem Nachwort versehen von Paul
Raabe. - Berlin: Silver Goldstein 1989. 191 S. 8°

73

Goethe, Johann Wolfgang von

Goethes Werke. Weimarer Ausgabe. Nachträge und Register zur IV. Abteilung:
Briefe. Bd. 51-53. Hrsg. von Paul Raabe. -
München: Taschenbuch-Verl. 1990. 3 Bde 8°
Bd. 51: Nachträge 1768-1832. Texte. 592 S.
Bd. 52: Nachträge 1768-1832. Erläuterungen. 381 S.
Bd. 53: Gesamtregister. Bearb. von Mechthild Raabe. 762 S.

74

Redslob, Edwin

Von Weimar nach Europa. Erlebtes und Durchdachtes. Hrsg. von Paul Raabe unter
Mitarb. von Martin Stiebert. Geleitwort von Bernhard Vogel. (Einführung: Paul
Raabe.) -
Jena: Glaux Verlag Christine Jäger 1998. 311 S. m. Abb. 8°

75

Bewersdorff, Ullrich

Die Franckeschen Stiftungen. 1948-1954. Holzschnitte. 5. Januar 2000. Hrsg. von
Paul Raabe mit Beiträgen von Ullrich Bewersdorff und Ute Willer. -
Halle: Verlag der Franckeschen Stiftungen zu Halle 1999. 36 S. 8°

76

Die Franckeschen Stiftungen zu Halle (Saale). Geschichte und Gegenwart.
(Mitverfasser: Helmut Obst). -
Halle: Fliegenkopfverlag 2000. 260 S. m zahlr. Abb. 4°

77
Goethe, Johann Wolfgang von
Träume und Legenden meiner Jugend. Texte über die Stillen im Lande hrsg. von Paul
Raabe. -
Leipzig: Evangelische Verlagsanstalt 2000. 239 S. 8°
(Kleine Texte des Pietismus. 3.)

78
Hoddis, Jakob von
Weltende. Die zu Lebzeiten veröffentlichten Gedichte. Herausgegeben von Paul
Raabe. -
Zürich, Hamburg: Arche 2001. 110 S. 8°

1.3 Herausgeberschaft
1.3.1 Schriftenreihen und Zeitschriften

79

Repertorien zur deutschen Literaturgeschichte. Hrsg. von Paul Raabe.
Bd. 1 ff. -
Stuttgart: Metzler 1964 ff. 4°

Band 1
Raabe, Paul
Die Zeitschriften und Sammlungen des literarischen Expressionismus. -
1964. XIV, 263 S.

Band 2
Bode, Ingrid
Die Autobiographien zur deutschen Literatur, Kunst und Musik. 1900-1965. -
1966. X, 308 S.

Band 3
Friedrichs, Elisabeth
Literarische Lokalgrössen 1700-1900. Verzeichnis der in regionalen Lexika und
Sammelwerken aufgeführten Schriftsteller. -
1967. X, 439 S.

Band 4
Schlawe, Fritz
Die Briefsammlungen des 19. Jahrhunderts 1815-1915. Bibliographie der
Briefausgaben und Gesamtregister der Briefschreiber und Briefempfänger. -
1969. XX, 1171 S. 2 Bde

Band 5
Schlawe, Fritz
Die deutschen Strophenformen. Systematisch-chronologisches Register zur deutschen
Lyrik 1600-1950. -
1972. XVIII, 578 S.

Band 6
Touber, Anthonius H.
Deutsche Strophenformen des Mittelalters. -
1974. XII, 164 S.

Band 7
Hannich-Bode, Ingrid
Germanistik in Festschriften von den Anfängen (1877) bis 1973. Verzeichnis
germanistischer Festschriften und Bibliographie der darin gedruckten Beiträge. In
Zusammenarbeit mit dem Institute of Germanic Studies (University of London) bearb.
von Ingrid Hannich-Bode und Sigmund Heidelberg. -
1976. XI, 441 S.

Band 8
Winter, Michael
Compendium Utopiarium. Typologie und Bibliographie literarischer Utopien. 1.
Teilband: Von der Antike bis zur deutschen Frühaufklärung. -
1978. LX, 288 S.

Franz Kafka

Sämtliche Erzählungen

Band 9
Friedrichs, Elisabeth
Die deutschen Schriftstellerinnen des 18. und 19. Jahrhunderts. Ein Lexikon. -
1981. XXIV, 388 S.

Band 10
Woods, Jean M.
Schriftstellerinnen, Künstlerinnen und gelehrte Frauen des deutschen Barock. Ein
Lexikon. -
1984. XXXVI, 145 S.

Band 11-14
Klotz, Aiga
Kinder- und Jugendliteratur in Deutschland 1840 - 1950. Gesamtverzeichnis der
Veröffentlichungen in deutscher Sprache. Bd. 1-6. -
1990-2000. 6 Bde.

80

Expressionism Magazines. A collection of reprints edited by Paul Raabe.
[Expressionismus. Literarische Zeitschriften im Neudruck. Hrsg. von Paul Raabe.] -
Millwood, N. Y.: Kraus Reprints and Periodicals 1968-1976.
Nachdrucke von 100 Zeitschriften des literarischen Expressionismus. Prospekte von
1968 und 1976 mit Vorworten von Paul Raabe.

81

Wolfenbütteler Beiträge. Aus den Schätzen der Herzog August Bibliothek. Hrsg.
von Paul Raabe. Bd 1-9.
Frankfurt a. M.: Klostermann (Bd 9: Wiesbaden: Harrassowitz) 1972-1994. 8°
1(1972). VIII, 263 S. m. Abb.
2(1973). VIII, 191 S. m. Abb.
3(1978). 361 S. m. Abb.
4(1981). 266 S.
5(1982). 189 S.
6(1983). VII, 351 S.
7(1987). 266 S. m. Abb.
8(1988). 360 S. m. Abb.
9(1994). Weimar und Wolfenbüttel. 266 S. m. Abb.

82

**Arbeiten aus der Geschichte des Buchwesens in Niedersachsen (1978 ff.:
Arbeiten zur Geschichte des Buchwesens in Deutschland).** Hrsg. von Paul
Raabe. H. 1-7. 11. 12. -
Göttingen: Göttinger Hochschulschriften (1978-1984: Hochschulschriften-Verl.
Traugott Bautz; 1985 ff.: Herzberg: Bautz). 9 Hefte. 8°

Band 1
Füssel, Stephan
Geschichte der Volksbibliothek Göttingen. 1897-1977. -
1977. 77 S.

Band 2
Lawrenz, Werner
Die Anfänge des öffentlichen Bibliothekswesens in Hannover. -
1978. 143 S.

Band 3
Arnold, Werner
Eine norddeutsche Fürstenbibliothek des frühen 18. Jahrhunderts. Herzog Ludwig
Rudolph von Braunschweig-Lüneburg und seine Büchersammlumng. -
1980. 182 S., 16 Abb.

Band 4
Ruppelt, Georg
Von der Herzoglichen Bibliothek zur Herzog August Bibliothek. Geschichte der
Wolfenbütteler Bibliothek von 1920 bis 1949. -
1980. 203 S. m. Abb.

Band 5
Vogt-Praclik, Kornelia
Bestseller in der Weimarer Republik. 1925-1930. Eine Untersuchung. -
1987. 140 S.

Band 6
Grabicki, Michael
Wolfenbütteler Leihbibliotheken im 19. Jahrhundert. -
1987. 131 S.

Band 7
Die Herzog August Bibliothek in den letzten 100 Jahren. Vier Beiträge zur
Vergangenheit und Gegenwart der Wolfenbütteler Bibliothek. Hrsg. von Paul Raabe. -
1980. 119 S. m. Abb.

Band 11
Hunger, Ulrich
Geschichte der Göttinger Stadtbibliothek von 1943-1961. -
1985. 136 S. mit Abb.

Band 12
Mahn, Michael
Karl Hobrecker - ein deutscher Sammler. Ein Beitrag zur Geschichte der Kinder- und
Jugendbuchforschung. -
1987. 203 S.

83
Wolfenbütteler Schriften zur Geschichte des Buchwesens. Hrsg. von Paul
Raabe. Bd 2-9. (Bd 3. ff. u. d. T.: Wolfenbütteler Schriften zur Geschichte des
Buchwesens. In Zusammenarbeit mit dem Wolfenbütteler Arbeitskreis für Geschichte
des Buchwesens und dem Wolfenbütteler Arbeitskreis für Bibliotheksgeschichte.
Hrsg. von Paul Raabe.) -
Hamburg Dr. Ernst Hauswedell 1978-1992. (9. 1983 ff. Wiesbaden: Harrassowitz i.
Komm.) 8°

Band 2
Das Buch in den zwanziger Jahren. Vorträge des zweiten Jahrestreffens des
Wolfenbütteler Arbeitskreises für Geschichte des Buchwesens in der Herzog August
Bibliothek. 16. Mai bis 17. Mai 1977. Hrsg. von Paul Raabe. -
1978. 120 S. m. Abb.

Band 3
Die Leihbibliothek als Institution literarischen Lebens im 18. und 19. Jahrhundert.
Organisationsformen, Bestände und Publikum. Arbeitsgespräch in der Herzog August
Bibliothek Wolfenbüttel. 30. September bis 1. Oktober 1977. Vorträge und Berichte.
Hrsg. von Georg Jäger und Jörg Schönert. -
1980. 400 S.

Band 4
Buch und Buchhandel in Europa im 18. Jahrhundert. The Book and the Book Trade in
the Eighteenth Century Europe. Fünftes Wolfenbütteler Symposium vom 1. bis 3.
November 1977. Vorträge hrsg. von Giles Barber und Bernhard Fabian. Proceedings
of the Fifth Wolfenbütteler Symposium. Nov. 1-3, 1977. Edited by Giles Barber and
Bernhard Fabian. -
1981. 364 S. m. 95 Abb.

Band 5
Buchgestaltung in Deutschland 1740 bis 1980. Vorträge des dritten Jahrestreffens des
Wolfenbütteler Arbeitskreises für Geschichte des Buchwesens in der Herzog August
Bibliothek Wolfenbüttel 9. bis 11. Mai 1978. Hrsg. von Paul Raabe. -
1980. 192 S. m. Abb.

Band 6
Bücher und Bibliotheken im 17. Jahrhundert in Deutschland. Vorträge des vierten
Jahrestreffens des Wolfenbütteler Arbeitskreises für Geschichte des Buchwesens in
der Herzog August Bibliothek Wolfenbüttel. 22. bis 24. Mai 1979. Hrsg. von Paul
Raabe. -
1980. 224 S. m. Abb.

Band 7
Bibliotheksgeschichte als wissenschaftliche Disziplin. Beiträge zur Theorie und
Praxis. Referate des siebten Fortbildungsseminars für Bibliothekare. 23. bis 25. Januar
1979 in der Herzog August Bibliothek Wolfenbüttel. Hrsg. von Peter Vodosek. -
1980. 170 S.

Band 8
Bibliotheken im gesellschaftlichen und kulturellen Wandel des 19. Jahrhunderts.
Referate des 1. Jahrestreffens des Wolfenbütteler Arbeitskreises für
Bibliotheksgeschichte. 24. bis 26. April 1980 in der Herzog August Bibliothek. Hrsg.
von Gerhard Liebers und Peter Vodosek. -
1982. IX, 155 S. mit Abb.

Band 9
Gelehrte Bücher vom Humanismus bis zur Gegenwart. Referate des fünften
Jahrestreffens des Wolfenbütteler Arbeitskreises für Geschichte des Buchwesens vom
6. bis 9. Mai 1981 in der Herzog August Bibliothek Wolfenbüttel. Hrsg. von Bernhard
Fabian und Paul Raabe. -
1983. 220 S.

84
Lessing 79. Mitteilungen aus dem Lessingjahr 1979. Im Auftrage des
Bundesministeriums des Innern und des Landes Niedersachsen für die Mitglieder der
Kultusministerkonferenz herausgegeben von der Herzog August Bibliothek
Wolfenbüttel. Redaktion: Manuel Lichtwitz, Paul Raabe. Heft 1-3. -
Braunschweig 1979. 3 Hefte. 4°

85
Nouvelles de la République des Lettres. Ed.: J. R. Armogathe, J. F. Battali, G.
Costa, J. C. Margolin, H. J. Martin, P. Raabe, J. Starobinski, J. B. Trapp, I. R.
Willison. A. 1 ff. -
Napoli: Prismi 1980 ff. 8°

86
Luther 83. Mitteilungen aus dem Lutherjahr 1983 in Niedersachsen. Im Auftrage
der Veranstalter des Lutherjahres in Niedersachsen, herausgegeben von der Herzog
August Bibliothek Wolfenbüttel. Redaktion: Hans R. Baltzer, Hans-Walter
Krumwiede, Paul Raabe.
H. 1. 2. Beil.: Niedersachsen-Karte. Stätten der Reformation und des kirchlichen
Lebens im 16. Jahrhundert in Niedersachsen. -
Braunschweig: Waisenhaus-Buchdruckerei u. Verl. 1983. 2 Hefte. 4°
Beilage: Braunschweig: Westermann.

87
Arche Editionen des Expressionismus. Hrsg. von Paul Raabe. -
Zürich 1987-1990. 8° 11 Bde

Band [1]
Heym, Georg
Der Städte Schultern knacken. Bilder, Texte, Dokumente. Zus. gestellt von Nina
Schneider. -
1987. 172 S.

Band [2]
Hoddis, Jakob von
Dichtungen und Briefe. Hrsg. von Regina Nörtemann. -
1987. 597 S.

Band [3]
Expressionismus. Der Kampf um eine literarische Bewegung. Hrsg. von Paul Raabe. -
1987, 319 S. (Neuausgabe d. Ausg. München: Deutscher Taschenbuch-Verlag 1965.)

Band [4]
Hardenberg, Henriette
Dichtungen. Hrsg. von Hartmut Vollmer. -
1988. 190 S.

Band [5]
Zwischen Trauer und Ekstase. Expressionistische Liebesgeschichte. Hrsg. von
Thomas Rietzschel. -
1988. 223 S.

Band [6]
Mynona [d. i. Salomo Friedländer]
Rosa, die schöne Schutzmannsfrau und andere Grotesken. Hrsg. von Ellen Otten. -
1989. 213 S.

Band [7]
Lichtenstein, Alfred
Dichtungen. Hrsg. von Klaus Kanzog und Hartmut Vollmer. -
1989. 213 S.

Band [8]
Otten, Karl
Die Reise durch Albanien und andere Prosa. Hrsg. von Ellen Otten und Hermann Ruch. -
1989. 195 S.

Band [9]
Schrei in die Welt. Expressionismus in Dresden. Mit zeitgenössischen Illustrationen hrsg. und m. e. Nachwort versehen von Peter Ludwig. -
1990. 267 S.

Band [10]
Klabund [d. i. Alfred Henschke]
Klabund in Davos. Texte, Bilder, Dokumente. Hrsg. von Paul Raabe. -
1990. 230 S. m. Abb.

Band [11]
Stramm, August
Alles ist Gedicht. Briefe, Gedichte, Bilder und Dokumente. Hrsg. von Jeremy Adler. -
1990. 190 S.

88
Niedersächsische Bibliothek geistlicher Texte. Hrsg. von Gerhard Müller und Paul Raabe. Bd 1-4. -
Hannover: Lutherisches Verlagshaus 1991-1995. 8°

Band 1
Spitta, Carl Johann Philipp
Psalter und Harfe: Sammlung christlicher Lieder zur häuslichen Erbauung. Hrsg. von Hans-Christian Drömann. -
1991. 175 S.

Band 2
Jerusalem, Johann Friedrich Wilhelm
Betrachtungen über die vornehmsten Wahrheiten der Religion. Ausgew. und hrsg. von Wolfgang Erich Müller. -
1992. 309, 36 S.

Band 3
Stählin, Wilhelm
Oldenburger Nachkriegspredigten. Ausgew. u. hrsg. von Udo Schulze. -
1994. 257 S.

Band 4
Herder, Johann Gottfried
Homilien über das Leben Jesu. Ausgew. u. hrsg. von Werner Fürer.-
1995. 145 S.

89
Hallesche Forschungen. Hrsg. von Hartmut Lehmann, Paul Raabe, Udo Sträter, Johannes Wallmann. -
Halle: Verlag der Franckeschen Stiftungen im Niemeyer-Verl.
Tübingen. Bd 1(1996) ff. 8°

52

Band 1
Halle und Osteuropa. Zur europäischen Ausstrahlung des hallischen Pietismus. Hrsg.
von Johannes Wallmann und Udo Sträter. -
1998. VI, 374 S.

Band 2
Witt, Ulrike
Frauen im Umkreis des hallischen Pietismus. Bekehrung, Bildung und Biographie.
1996. VI, 257 S.

Band 3
"Geistreicher Gesang". Halle und das pietistische Lied. Hrsg. von Gudrun Busch und
Wolfgang Miersemann. -
1997. VI, 341 S.

Band 4
Wissel, Carola
Delaware-Indianer und Herrnhuter Missionare in Upper Ohio Valley. -
1999. XII, 461 S.

Band 5
Das Kind in Pietismus und Aufklärung. Beiträge des Internationalen Symposions vom
12.-15. November 1997 in den Franckeschen Stiftungen zu Halle. Hrsg. von Josef N.
Neumann und Udo Sträter. -
2000. IX, 399 S.

1.3.2 Sammelbände

90

In Memoriam Wolfgang G. Fischer, 1905-1973. Red. Paul Raabe. -
Oldenburg: Holzberg (1974). 47 S. m. Titelbild. 8°
(Schriften der Landesbibliothek Oldenburg. 1.)

91

Öffentliche und private Bibliotheken im 17. und 18. Jahrhundert.
Raritätenkammern oder Bildungsstätten? Vorträge gehalten anlässlich des ersten
Wolfenbütteler Symposiums vom 24. bis 26. September 1975 in der Herzog August
Bibliothek Wolfenbüttel. Hrsg. von Paul Raabe. -
Bremen und Wolfenbüttel: Jacobi-Verl. 1977. 346 S. 8°
(Wolfenbütteler Forschungen. Bd. 2.)

92

Das Buch in den zwanziger Jahren. Vorträge des zweiten Jahrestreffens des
Wolfenbütteler Arbeitskreises für Geschichte des Buchwesens. 16. bis 17. Mai 1977.
Hrsg. von Paul Raabe. -
Hamburg: Dr. E. Hauswedell 1978. 120 S. m. Abb. 8°
(Wolfenbütteler Schriften zur Geschichte des Buchwesens. Bd. 2.)

93

Aufklärung in Deutschland. Hrsg. von Paul Raabe und Wilhelm Schmidt-
Biggemann. -
Bonn: Hohwacht-Verl. 1979. 256 S. m. Abb. 8°

94

Buchgestaltung in Deutschland 1740 bis 1980. Vorträge des dritten
Jahrestreffens des Wolfenbütteler Arbeitskreises für Geschichte des Buchwesens in
der Herzog August Bibliohek Wolfenbüttel, 9. bis 11. Mai 1978. Hrsg. von Paul
Raabe. -
Hamburg: Dr. E. Hauswedell 1980. 192 S. m. 190 Abb. 8°
(Wolfenbütteler Schriften zur Geschichte des Buchwesens. Bd. 5.)

95

Bücher und Bibliotheken im 17. Jahrhundert in Deutschland. Vorträge des
vierten Jahrestreffens des Wolfenbütteler Arbeitskreises für Geschichte des
Buchwesens in der Herzog August Bibliothek Wolfenbüttel, 22. bis 24. Mai 1979.
Hrsg. von Paul Raabe. -
Hamburg: Dr. E. Hauswedell 1980. 224 S. m. 12 Abb. 8°
(Wolfenbütteler Schriften zur Geschichte des Buchwesens. Bd. 6.)

96

Die Herzog August Bibliothek in den letzten 100 Jahren. Vier Beiträge zur
Vergangenheit und Gegenwart der Wolfenbütteler Bibliothek. Hrsg. von Paul Raabe. -
Göttingen: Hochschulschriften-Verl. Traugott Bautz 1980. 110 S. m. Abb. 8°
(Arbeiten zur Geschichte des Buchwesens in Deutschland. H. 7.)

97

Theatrum Europaeum. Festschrift für Elida Maria Szarota. Hrsg. von Richard Brinkmann, Karl-Heinz Habersetzer, Paul Raabe, Karl-Ludwig Selig und Blake Lee Spahr. -
München: Fink 1982. 648 S., 8 Bl. Abb. 8°

98

Gelehrte Bücher vom Humanismus bis zur Gegenwart. Referate des fünften Jahrestreffens des Wolfenbütteler Arbeitskreises für Geschichte des Buchwesens vom 6. bis 9. Mai 1981 in der Herzog August Bibliothek Wolfenbüttel. Hrsg. von Bernhard Fabian und Paul Raabe. -
Wiesbaden: Harrassowitz i. Komm. 1983. 220 S. 8°
(Wolfenbütteler Schriften zur Geschichte des Buchwesens. Bd. 9.)

99

Die Franckeschen Stiftungen zu Halle an der Saale. Hrsg. von Paul Raabe mit Beiträgen von Ulrich Ricken und Jürgen Storz. -
Wolfenbüttel: Herzog August Bibliothek 1990. 99 S. m. Abb. 4°
(Jahresgabe der Gesellschaft der Freunde der Herzog August Bibliothek.)

100

Von St. Petersburg nach Hildesheim. Festschrift zum 200jährigen Jubiläum des Hauses Gerstenberg 1792-1992. Hrsg. von Paul Raabe. -
Hildesheim: Gerstenberg 1992. 205 S. 8°

101

Handbuch der historischen Buchbestände in Deutschland. Bd. 1: Schleswig-Holstein, Hamburg, Bremen. Bd. 2: Niedersachsen. Hrsg. von Paul Raabe. Bearbeitet von Alois Müller-Jerina. -
Hildesheim, Zürich, New York: Olms-Weidmann 1996-1998. 3 Bde 4°

1.4 Mitarbeiterschaft

102

Ernst Stadler. Bibliographie. Zusammengestellt von Karl Ludwig Schneider und Paul Raabe. -
In: Ernst Stadler. Dichtungen. Eingel., textkrit. durchges. u. erl. von Karl Ludwig Schneider.
Hamburg: Ellermann 1954. Bd. 2, S. 367-403.

103

Das Testament der Mutter Hölderlins. -
Unter Mitwirkung von Paul Raabe mitgeteilt von Adolf Beck. -
Hamburg 1954/55, (nach S. 240) 4 Bl. 2°
(= Beilage zu Imprimatur. Bd. 12.)

104

Rowohlts-Monographien. Hrsg. von Kurt Kusenberg. Den bibliographischen und dokumentarischen Anhang bearbeitete Paul Raabe. -
Bd. 1-32, 36-45, 47-58, 61-63, 65-68, 71-73.
Hamburg: Rowohlt 1958-62. 8°

Band 1
Hohoff, Kurt
Heinrich von Kleist. In Selbstzeugnissen und Bilddokumenten. -
1958. 162 S.

Band 2
Paris, Jean
William Shakespeare. In Selbstzeugnissen und Bilddokumenten. -
1958. 169 S.

Band 3
Beheim-Schwarzbach, Martin
Knut Hamsun. In Selbstzeugnissen und Bilddokumenten. -
1958. 165 S.

Band 4
Estang, Luc
Antoine de Saint Exupéry. In Selbstzeugnissen und Bilddokumenten. -
1958. 161 S.

Band 5
Nielsen, Erling
Hans Christian Andersen. In Selbstzeugnissen und Bilddokumenten. -
1958. 167 S.

Band 6
Boucourechliev, André
Robert Schumann. In Selbstzeugnissen und Bilddokumenten. -
1958. 165 S.

Band 7
Pascal, Pia
Charles Baudelaire. In Selbstzeugnissen und Bilddokumenten. -
1958. 165 S.

Band 8
Marrou, Henri Irenée
Augustinus. In Selbstzeugnissen und Bilddokumenten. -
1958. 175 S.

Band 9
Gourfinkel, Nina
Maxim Gorki. In Selbstzeugnissen und Bilddokumenten. -
1958. 167 S.

Band 10
Béguin, Albert
Georges Bernanos. In Selbstzeugnissen und Bilddokumenten. -
1958. 169 S.

Band 11
Beaumont, Germaine
Colette. In Selbstzeugnissen und Bilddokumenten. -
1958. 175 S.

Band 12
Percheron, Maurice
Buddha. In Selbstzeugnissen und Bilddokumenten. -
1958. 172 S.

Band 13
Jankélévitch, Vladimir
Maurice Ravel. In Selbstzeugnissen und Bilddokumenten. -
1958. 167 S.

Band 14
Burschell, Friedrich
Friedrich Schiller. In Selbstzeugnissen und Bilddokumenten. -
1958. 173 S.

Band 15
Mauriac, Claude
Marcel Proust. In Selbstzeugnissen und Bilddokumenten. -
1958. 170 S.

Band 16
Gobry, Ivan
Franz von Assisi. In Selbstzeugnissen und Bilddokumenten. -
1958. 154 S.

Band 17
Barincou, Edmond
Niccolò Machiavelli. In Selbstzeugnissen und Bilddokumenten. -
1958. 173 S.

Band 18
Johann, Ernst
Georg Büchner. In Selbstzeugnissen und Bilddokumenten. -
1958. 173 S.

Band 19
Schneider, Marcel
Franz Schubert. In Selbstzeugnissen und Bilddokumenten. -
1958. 175 S.

Band 20
La Varende, Jean de
Gustave Flaubert. In Selbstzeugnissen und Bilddokumenten. -
1958. 171 S.

Band 21
Jeanson, Francis
Michel de Montaigne. In Selbstzeugnissen und Bilddokumenten. -
1958. 173 S.

Band 22
Holthusen, Hans Egon
Rainer Maria Rilke. In Selbstzeugnissen und Bilddokumenten. -
1958. 172 S.

Band 23
Tresmontant, Claude
Paulus. In Selbstzeugnissen und Bilddokumenten. -
1959. 172 S.

Band 24
Bernard, Marc
Emile Zola. In Selbstzeugnissen und Bilddokumenten. -
1959. 174 S.

Band 25
Bourniquel, Camille
Frédéric Chopin. In Selbstzeugnissen und Bilddokumenten. -
1959. 178 S.

Band 26
Béguin, Albert
Blaise Pascal. In Selbstzeugnissen und Bilddokumenten. -
1959. 171 S.

Band 27
Tank, Kurt Lothar
Gerhart Hauptmann. In Selbstzeugnissen und Bilddokumenten. -
1959. 176 S.

Band 28
Rohde, Peter Preisler
Sören Kierkegaard. In Selbstzeugnissen und Bilddokumenten. -
1959. 172 S.

Band 29
Mayer, Hans
Richard Wagner. In Selbstzeugnissen und Bilddokumenten. -
1959. 179 S.

Band 30
Picon, Gaëtan
Honoré de Balzac. In Selbstzeugnissen und Bilddokumenten. -
1959. 171 S.

Band 31
Schulz, Klaus Peter
Kurt Tucholsky. In Selbstzeugnissen und Bilddokumenten. -
1959. 178 S.

Band 32
Lenning, Walter
Edgar Allen Poe. In Selbstzeugnisen und Bilddokumenten. -
1959. 177 S.

Band 36
Friedenthal, Richard
Georg Friedrich Händel. In Selbstzeugnissen und Bilddokumenten. -
1959. 172 S.

Band 37
Kesting, Marianne
Berthold Brecht. In Selbstzeugnissen und Bilddokumenten. -
1959. 177 S.

Band 38
Lafitte, Sophie
Anton Tschechov. In Selbstzeugnissen und Bilddokumenten. -
1960. 175 S.

Band 39
Steinmann, Jean
Johannes der Täufer. In Selbstzeugnissen und Bilddokumenten. -
1960. 176 S.

Band 40
Paris, Jean
James Joyce. In Selbstzeugnissen und Bilddokumenten. -
1960. 177 S.

Band 41
Marcuse, Ludwig
Heinrich Heine. In Selbstzeugnissen und Bilddokumenten. -
1960. 178 S.

Band 42
Do-Dinh, Pierre
Konfuzius. In Selbstzeugnissen und Bilddokumenten. -
1960. 179 S.

Band 43
Siohan, Robert
Igor Stravinsky. In Selbstzeugnissen und Bilddokumenten. -
1960. 177 S.

Band 44
Schonauer, Franz
Stefan George. In Selbstzeugnissen und Bilddokumenten. -
1960. 177 S.

Band 45
Chenu, Marie Dominique
Thomas von Aquin. In Selbstzeugnissen und Bilddokumenten. -
1960. 178 S.

Band 47
Dermenghem, Emile
Mohammed. In Selbstzeugnissen und Bilddokumenten. -
1960. 174 S.

Band 48
Childs, James Rives
Giacomo Casanova de Senegalt. In Selbstzeugnissen und Bilddokumenten. -
1960. 178 S.

Band 49
Barbaud, Pierre
Joseph Haydn. In Selbstzeugnissen und Bilddokumenten. -
1960. 175 S.

Band 50
Lebesque, Maurice
Albert Camus. In Selbstzeugnissen und Bilddokumenten. -
1960. 176 S.

Band 51
Aldington, Richard
David Herbert Lawrence. In Selbstzeugnissen und Bilddokumenten. -
1961. 175 S.

Band 52
Giedion-Welcker, Carola
Paul Klee. In Selbstzeugnissen und Bilddokumenten. -
1961. 168 S.

Band 53
Häussermann, Ulrich
Friedrich Hölderlin. In Selbstzeugnissen und Bilddokumenten. -
1961. 175 S.

Band 54
Pascal, Pia
Guillaume Apollinaire. In Selbstzeugnissen und Bilddokumenten. -
1961. 178 S.

Band 57
Lavrin, Janko
Lev Tolstoj. In Selbstzeugnissen undd Bilddokumenten. -
1961. 178 S.

Band 58
Rühmkorf, Peter
Wolfgang Borchert. In Selbstzeugnissen und Bilddokumenten. -
1961. 176 S.

Band 61
Schmiele, Walter
Henry Miller. In Selbstzeugnissen und Bilddokumenten. -
1961. 177 S.

Band 62
Fraigneau, André
Jean Cocteau. In Selbstzeugnissen und Bilddokumenten. -
1961. 176 S.

Band 63
Zemb, Jean Marie
Aristoteles. In Selbstzeugnissen und Bilddokumenten. -
1961. 175 S.

Band 65
Bonnefoy, Yves
Arthur Rimbaud. In Selbstzeugnissen und Bilddokumenten. -
1961. 177 S.

Band 66
Allen, Gay Wilson
Walt Whitman. In Selbstzeugnissen und Bilddokumenten. -
1961. 177 S.

Band 67
Wirtauen, Atos
August Strindberg. In Selbstzeugnissen und Bilddokumenten. -
1962. 172 S.

Band 68
Marker, Christian
Jean Giraudoux. In Selbstzeugnissen und Bilddokumenten. -
1962. 174 S.

Band 71
Lenning, Walter
Gottfried Benn. In Selbstzeugnissen und Bilddokumenten. -
1962. 179 S.

Band 72
Paetel, Karl Otto
Ernst Jünger. In Selbstzeugnissen und Bilddokumenten. -
1962. 177 S.

Band 73
Astre, Georges-Albert
Ernest Hemingway. In Selbstzeugnissen und Bilddokumenten. -
1961. 172 S.

105
Heym, Georg

Dichtungen und Schriften. Gesamtausgabe. Hrsg. von Karl Ludwig Schneider. Bd 3:
Tagebücher, Träume, Briefe. (Unter Mithilfe von Paul Raabe und Erwin Loewenson
bearb. von Karl Ludwig Schneider.) -
Hamburg: Ellermann 1960. 300 S. 8°

106
Kafka-Symposium. Hrsg. von Jürgen Born, Ludwig Dietz, Malcolm Pasley, Paul
Raabe, Klaus Wagenbach. -
Berlin: Wagenbach (1965). 189 S. m. 9 Abb. auf 2 Taf. 8°

107
Pyritz, Hans

Goethe-Bibliographie. Begr. von Hans Pyritz unter red. Mitarbeit von Paul Raabe.
Fortgef. von Heinz Nicolai und Gerhard Burkhardt unter red. Mitarb. von Klaus
Schröter. Bd. 1(Lfg. 1-3): Von den Anfängen bis zum Jahr 1954. -
Heidelberg: Winter 1965. 8°

108
Dahlmann-Waitz

Quellenkunde der deutschen Geschichte. Bibliographie der Quellen und der Literatur
zur deutschen Geschichte. 10. Aufl. Unter Mitw. zahlreicher Gelehrter hrsg. im Max-
Planck-Institut für Geschichte von Hermann Heimpel und Herbert Geuss. Abschn. 50,
Nr. 379-1044: Deutsche Literatur. Von Paul Raabe. -
Stuttgart: Hiersemann 1971. 4°

109
Entwurf einer Ausbildungsordnung für den Buch-, Archivalien- und
Graphikrestaurator. Vorgelegt von der Werkstatt für Buchrestaurierung in der
Herzog August Bibliothek Wolfenbüttel (Gerta Frantzen, Dag-Ernst Petersen, Paul
Raabe, Gerlinde Römer), Mai 1974. -
Wolfenbüttel 1974. 6, 29 S. quer-4°
(Beiträge zur Buchrestaurierung, Herzog August Bibliothek Wolfenbüttel. H. 1.)

110
Kafka, Franz

Schriften, Tagebücher, Briefe. Kritische Ausgabe. Hrsg. von Jürgen Born, Gerhard
Neumann, Malcolm Pasley und Jost Schillemeit unter Beratung von Nahum Glatzer,
Rainer Gruenter, Paul Raabe und Marthe Robert. [Bd 1 ff.] -
Frankfurt a.M. Fischer 1982 ff. [bisher 14 Bde]

111
Handbuch der historischen Buchbestände in Deutschland. In
Zusammenarbeit mit Severin Corsten, Eberhard Dünninger, Berndt Dugall, Wolfgang
Kehr, Friedhilde Krause und Paul Raabe hrsg. vom Bernhard Fabian. Bd. 1-27. -
Hildesheim, Zürich, New York: Olms-Weidmann 1992-2000. 27 Bde 4°

ADOLPH FREIHERR KNIGGE

DIE REISE NACH BRAUNSCHWEIG

1.5 Ausstellungskataloge

112

Expressionismus. Literatur und Kunst 1910-1923. Eine Ausstellung des Deutschen
Literaturarchivs im Schiller-Nationalmuseum Marbach a. N. vom 8. Mai bis 31. Okt.
1960. Katalog von Paul Raabe und H. L. Greve unter Mitarb. von Ingrid Grüninger. -
Stuttgart: Turmhaus-Druckerei 1960. 349 S. 8°
(Sonderausstellung des Schiller-Nationalmuseums. Katalog. Nr. 7.)
Nachdruck der Ausgabe 1960: Marbach a. N. 1986.

113

Der späte Expressionismus. 1918-1922. Bücher - Bilder - Dokumente. (Eine
Ausstellung der Veranstaltungsreihe "Wege und Gestalten". Zusammengestellt von
Paul Raabe.) -
(Biberach a. d. Riss: Wege und Gestalten 1966.) 58 S. mit mehr. Abb. im Text u.
1 eingekl. farb. Taf. 8°

114

Barocke Bücherlust. Aus den Sammlungen der Herzog August Bibliothek.
Ausstellung in den historischen Räumen des Wolfenbütteler Schlosses vom 13.
September bis 5. November 1972. (Ausstellung und Katalog: Paul Raabe unter Mitw.
von Karl-Heinz Habersetzer.) -
(Wolfenbüttel 1972.) 142 S. m. Abb. 4°
(Ausstellungskataloge der Herzog August Bibliothek. Nr. 6.)

115

Die Bücher des Armin Sandig. Ausgestellt im Malerbuchkabinett der Herzog
August Bibliothek Wolfenbüttel vom 2. Februar bis 19. März 1972. (Katalogbearb.:
Paul Raabe. Vorzugsausg. mit einer Orig.-Radierung.) -
(Wolfenbüttel 1972.) 20 S. m. Abb. 4°
(Ausstellungskataloge der Herzog August Bibliothek. Nr. 1.)

116

Georges Braque. Ausstellung vom 22. März bis 16. Juli 1972 im
Malerbuchkabinett der Herzog August Bibliothek Wolfenbüttel. (Bearb.: Paul Raabe.)
(Wolfenbüttel 1972.) 1 Bl. in Leporello-Faltung u. Abb. 4°
(Ausstellungskataloge der Herzog August Bibliothek. Nr. 2.)

117

josua-reichert-bücher. Ausstellung vom 7. April bis 9. September 1973 im
Lessing-Haus der Herzog August Bibliothek Wolfenbüttel. Katalogbearb.: Paul
Raabe. -
(Wolfenbüttel 1973). 8 S. m. Abb. 4°
(Ausstellungskataloge der Herzog August Bibliothek. Nr. 10.)

118

Karl Arnold. Schlaraffenland, Kuttel Daddeldu und andere Blätter. Eine
Ausstellung der Herzog August Bibliothek Wolfenbüttel. (Katalogbearb.: Paul
Raabe.) -

(Wolfenbüttel 1973.) 40 S. m. Abb. quer-8°
(Ausstellungskataloge der Herzog August Bibliothek. Nr. 12.)

119
Marc Chagall. Radierungen, Farbholzschnitte. (Ausstellung zusammengest. aus
den Beständen der Herzog August Bibliothek Wolfenbüttel, anlässlich des
750jährigen Bestehens der Stadt Peine, vom 22. Juni bis 8. Juli 1973 im grossen
Sitzungssaal des Kreishauses Peine. Bearb.: Paul Raabe.) -
(Wolfenbüttel 1973.) 83 S. Text u. Abb. 4°
(Ausstellungskataloge der Herzog August Bibliothek. Nr. 11.)

120
Antike Welt und moderne Kunst. Malerbücher zu klassischen Dichtungen.
Ausstellung im Malerbuchkabinett der Herzog August Bibliothek Wolfenbüttel 1974.
Katalogbearb.: Paul Raabe, Fotos: Günter Schöne. -
Wolfenbüttel 1974. 24 S. 4°
(Ausstellungskataloge der Herzog August Bibliothek. Nr. 13.)

121
Malerbücher des XX. Jahrhunderts. Von Pablo Picasso bis Jim Dine. Aus den
Beständen der Herzog August Bibliothek Wolfenbüttel. Kunstverein Braunschweig.
31. März bis 14. Juli 1974. Bearb.: Paul Raabe und Adolf Flach. Fotos: Günter
Schöne. -
Braunschweig 1974. 14 S. m. 44 Abb. 4°

122
Stadt, Schule, Universität und Buchwesen im 17. Jahrhundert.
Verzeichnis der ausgestellten Bücher, Dokumente und Stiche. Ausstellung der Herzog
August Bibliothek Wolfenbüttel im Renaissancesaal des Schlosses. 24.-28. September
1974. (Vornotiz: Paul Raabe, Barbara Strutz.) -
Wolfenbüttel 1974. 35 Bl. 4°
Gedruckt in 50 Expl. für die Teilnehmer des Barock-Symposiums der Deutschen
Forschungsgemeinschaft im September 1974 in Wolfenbüttel

123
Bildhauer machen Bücher. Ausstellung im Malerbuchkabinett der Herzog
August Bibliothek 1975. Katalogbearb.: Paul Raabe. Fotos: Günter Schöne. -
Wolfenbüttel 1975. 23 S. m. Abb. 8°
(Ausstellungskataloge der Herzog August Bibliothek. Nr. 14.)

124
Lyrik und Graphik. Das Gedicht im Malerbuch. Ausstellung im
Malerbuchkabinett der Herzog August Bibliothek Wolfenbüttel. Katalogbearb.: Paul
Raabe. -
Wolfenbüttel 1976. 14 S. m. Abb. quer-4°
(Ausstellungskataloge der Herzog August Bibliothek Nr. 15.)

125
Ob Baron Knigge auch wirklich todt ist? Eine Ausstellung zum 225.
Geburtstag des Adolph Freiherrn von Knigge. Herzog August Bibliothek
Wolfenbüttel. 8. Oktober bis 8. November 1977. Bearb. von Ernst-Otto Fehn, Paul

Raabe und Claus Ritterhof unter Mitarb. von Manfred Grätz, Burghardt und Gisela
von Hanstein und Brigitte Schmutzler-Braun. -
Wolfenbüttel: Herzog August Bibliothek 1977. 141 S. m. Abb. 4°
(Ausstellungskataloge der Herzog August Bibliothek. Nr. 21.)

126
Sammler, Fürst, Gelehrter. Herzog August zu Braunschweig und Lüneburg.
1579-1666. Niedersächsische Landesausstellung in Wolfenbüttel. 26. Mai bis 31.
Oktober 1979. Redaktion des Katalogs: Paul Raabe und Eckhard Schinkel. -
Wolfenbüttel: Herzog August Bibliothek 1979. 421 S. m. Abb. 4°
(Ausstellungskataloge der Herzog August Bibliothek. Nr. 27.)

127
Gotthold Ephraim Lessing. 1729-1781. Ausstellung im Lessinghaus. Herzog
August Bibliothek Wolfenbüttel. Ausstellung: Paul Raabe unter Mitwirkung von
Manuel Lichtwitz. Katalog: Wulf Piper. -
Wolfenbüttel: Herzog August Bibliothek 1981. 227 S. m. Abb. 4°
(Ausstellungskataloge der Herzog August Bibliothek. Nr. 31.)

128
Die Welt in Büchern. Aus den Schätzen der Herzog August Bibliothek
Wolfenbüttel. Ausstellung in den musealen Räumen der Bibliotheca Augusta und in
der Halle des Zeughauses. 28. September 1981 bis 31. März 1982. Konzeption der
Ausstellung und Katalog: Paul Raabe. -
Wolfenbüttel: Herzog August Bibliothek 1981. 99 S. m. Abb. 4°
(Ausstellungskataloge der Herzog August Bibliothek. Nr. 32.)

129
Friedrich Nicolai. 1733-1781. Die Verlagswerke eines preussischen Buchhändlers
der Aufklärung 1759-1811. Bearbeitet von Paul Raabe. -
Wolfenbüttel: Herzog August Bibliothek 1982. 130 S. m. Abb. 4°
(Ausstellungskataloge der Herzog August Bibliothek. Nr. 38.)
2. Auflage 1986.
Weinheim: Acta humaniora. VCH.

130
Karl Schaper. Das grafische Werk. 1960-1982. Zeichnungen - Radierungen -
Objekte zu Werken von Vergil - Ovid - Kleist - Brecht. Sonderausstellung der Herzog
August Bibliothek in den musealen Räumen. 20. Juni bis 26. September 1982.
(Ausstellung, Konzeption und Katalog: Paul Raabe und Adolf Flach.) -
Wolfenbüttel: Herzog August Bibliothek 1982. 106 S. m. Abb. 4°
(Ausstellungskataloge der Herzog August Bibliothek. Nr. 34.)

131
Zwei Buchillustratoren des XX. Jahrhunderts. Hans Fronius und Gerhart
Kraaz. Bücher und Blätter der Sammlung Ulrich von Kritter, ausgestellt in der Herzog
August Bibliothek Wolfenbüttel 24. April bis 13. Juni 1982. Ausstellung und Katalog:
Paul Raabe und Adolf Flach. -
Wolfenbüttel: Herzog August Bibliothek 1982. 79 S. m. Abb. 4°
(Ausstellungskataloge der Herzog August Bibliothek. Nr. 34.)

132
Martin Luther 1483-1546. Handschriften, Bücher, Dokumente aus den Beständen
der Herzog August Bibliothek Wolfenbüttel. Katalogbearbeitung: Paul Raabe unter
Mitarbeit von Hans Haase. Maria von Katte, Wolfgang Milde. Ausstellung im
Niedersächsischen Landtag 12. Okt. bis 15. Nov. 1983. -
Hannover 1983. 20 S. 8°

133
Erhart Kästner. Werkmanuskripte. Eine Ausstellung im Malerbuchkabinett der
Herzog August Bibliothek Wolfenbüttel zur Übernahme des Erhart Kästner
Nachlasses. 24. November 1984 bis 28. Februar 1985. (Ausstellung und Katalog: Paul
Raabe unter Mitarbeit von Wolfgang Dittrich, Gotthardt Frühsorge, Julia Freiin Hiller
von Gaertringen, Manuel Lichtwitz, Wolfgang Milde und Barbara Strutz.) -
Wolfenbüttel: Herzog August Bibliothek 1984. 79 S. m. Abb. 4°
(Ausstellungskataloge der Herzog August Bibliothek. Nr. 43.)

134
Gutenberg. 550 Jahre Buchdruck in Europa. Ausstellung im Zeughaus der Herzog
August Bibliothek Wolfenbüttel vom 5. Mai bis 30. September 1990. Ausstellung und
Katalog: Paul Raabe mit Beiträgen von Martin Boghardt u.a. -
Weinheim: VCH Acta Humaniora 1990. 239 S. m. Abb. 4°
(Ausstellungskataloge der Herzog August Bibliothek. Nr. 62.)

135
Da Vienna a Napoli in Carrozza. Il Viaggio di Lessing in Italia. (Con Lea
Ritter-Santini.) -
Napoli: Electa 1991. 723 S. m. Abb. 4° 2 Bde
(Ausstellungskataloge der Herzog August Bibliothek. Nr. 65.)

136
Der Zensur zum Trotz: Das gefesselte Wort und die Freiheit in Europa.
Ausstellung im Zeughaus der Herzog August Bibliothek Wolfenbüttel vom 13. Mai
bis 6. Oktober 1991. Ausstellung und Katalog: Paul Raabe mit Beiträgen von Helmut
G. Hassis u.a. -
Weinheim: VCH Acta Humaniora 1991. X, 317 S. m. Abb. 4°
(Ausstellungskataloge der Herzog August Bibliothek. Nr. 64.)

137
Pietas Hallensis universalis. Weltweite Beziehungen der Franckeschen
Stiftungen im 18. Jahrhundert. Ausstellung im Hauptgebäude der Franckeschen
Stiftungen Halle (Saale) vom 12. Oktober 1995 bis zum 15. April 1996. Ausstellung
und Katalog: Paul Raabe unter Mitarbeit von Heike Liebau (Indien) und Thomas
Müller (Amerika). -
Halle (Saale): Verlag der Franckeschen Stiftungen zu Halle 1995. 99 S. m. Abb. 4°
(Kataloge der Franckeschen Stiftungen. 2.)

138
Martin Luther und Halle. Kabinettausstellung der Marienbibliothek und der
Franckeschen Stiftungen zu Halle im Luthergedenkjahr 1996. Ausstellung im
Hauptgebäude der Franckeschen Stiftungen Halle (Saale) vom 16. Februar bis

23. April 1996. Ausstellung und Katalog: Heinrich L. Nickel, Raphael Pregla, Paul
Raabe, Hildegard Seidel. -
Halle: Verlag der Franckeschen Stiftungen zu Halle 1996. 48 S. m. Abb. 4°
(Kataloge der Franckeschen Stiftungen. 3.)

139
Schulen machen Geschichte. 300 Jahre Erziehung in den Franckeschen
Stiftungen. Ausstellung im Hauptgebäude der Franckeschen Stiftungen zu Halle
(Saale) vom 11. Mai 1997 bis 1. Februar 1998. Hrsg. von Paul Raabe. -
Halle/Saale: Verlag der Franckeschen Stiftungen zu Halle 1997. 239 S. m. Abb. 4°
(Kataloge der Franckeschen Stiftungen. 4.)

140
Vier Thaler und sechzehn Groschen. August Hermann Francke, der Stifter und
sein Werk. (Ausstellung im Hauptgebäude der Franckeschen Stiftungen vom 21. März
1998 bis 31. Januar 1999. Konzeption: Paul Raabe und Udo Sträter unter Mitwirkung
des Ausstellungsbeirats. Bearb. von Paul Raabe unter Mitarb. von Hannelore Ruhle
und Elke Statesczny.) -
Halle/Saale: Verl. der Franckeschen Stiftungen zu Halle 1998. 255 S. m. Abb. 4°
(Kataloge der Franckeschen Stiftungen. 5.)

141
Seperatisten, Pietisten, Herrnhuter. Goethe und die Stillen im Lande.
Ausstellung in den Franckeschen Stiftungen zu Halle vom 9. Mai bis 3. Oktober 1999.
Ausstellung und Katalog: Paul Raabe. -
Halle: Fliegenkopfverlag 1999. 252 S. mit zahlr. Abb. 4°
(Kalaloge der Franckeschen Stiftungen. 6.)

German Expressionism
Paul Raabe

1.6 Vorworte

142

Schlawe, Fritz

Die Briefsammlungen des 19. Jahrhunderts 1815-1915. Bibliographie der
Briefausgaben und Gesamtregister der Briefschreiber und Briefempfänger.
Geleitwort: Paul Raabe. -
Stuttgart: Metzler 1969. XX, 1171 S. 4° 2 Bde
(Repertorien zur deutschen Literaturgeschichte. Bd. 4 = Bibliographien und
Verzeichnisse in Forschungsunternehmen der Fritz-Thyssen-Stiftung 'Neunzehntes
Jahrhundert'. Bd 1.)

143

Libretti. Verzeichnis der bis 1800 erschienenen Textbücher. Zusgest. von Eberhard
Thiel unter Mitarb. von Gisela Rohr. Geleitwort von Paul Raabe. -
Frankfurt a. M.: Klostermann 1970. XXI, 395 S. 4°
(Kataloge der Herzog August Bibliothek Wolfenbüttel. Bd. 14.)

144

Boner, Ulrich

Der Edelstein. Faks. der 1. Druckausgabe. Bamberg 1461. 16.1 Eth. 2° der Herzog
August Bibliothek. Einl. von Doris Foquet. (Geleitwort: Paul Raabe.) Textb. u.
Tafelbd. -
Stuttgart: Müller & Schindler (1972). 2 Bde in Kassette. 4°

145

Mittelalterliche Handschriften der Herzog August Bibliothek. 120
Abbildungen ausgew. und erl. von Wolfgang Milde. Vorwort von Paul Raabe. -
Frankfurt a. M.: Klostermann 1972. XLVIII, 260 S. 4°

146

Pablo Picasso. Ausstellung im Malerbuchkabinett und im Lessinghaus der Herzog
August Bibliothek Wolfenbüttel 1972. Katalogbearb.: Annemarie Deegen. Nachwort
von Paul Raabe. -
Wolfenbüttel 1972. 22 S. 4°
(Ausstellungskataloge der Herzog August Bibliothek. Nr. 7.)

147

Vorbemerkungen zu Quellen der Barockforschung. Symposium in der
Herzog August Bibliothek. 11.-13. September 1972. -
In: Jahrbuch für intern. Germanistik. 4(1972), H. 2, S. 9-11.

148

Butzmann, Hans

Kleine Schriften. Festgabe zum 70. Geburtstag. (Als Festgabe der Herzog August
Bibliothek Wolfenbüttel hrsg. von Wolfgang Milde.) Geleitwort von Paul Raabe. -
Graz: Akad. Druck- u. Verl. Anstalt 1973. 213 S. XXXVI S. Abb. 4°
(Studien zur Bibliotheksgeschichte. Bd. 1.)

149
Internationaler Arbeitskreis für deutsche Barockliteratur. Erstes
Jahrestreffen in der Herzog August Bibliothek Wolfenbüttel. 27.-31. August 1973.
Vorträge und Berichte. Vorwort: Paul Raabe. -
Wolfenbüttel 1973. VIII, 155 S., 2 Bl. Abb. 8°
(Dokumente des Internationalen Arbeitskreises für deutsche Barockliteratur. Bd. 1.)
2., verb. Aufl. Hamburg: Hauswedell 1976.

150
Wolfenbütteler Barock-Nachrichten. Im Auftrage des Internationalen
Arbeitskreises für deutsche Barockliteratur hrsg. von der Herzog August Bibliothek.
Jg. 1, H. 1. Vorwort: Paul Raabe. -
Hamburg: Dr. Ernst Hauswedell 1974. 8°

151
Goedeke, Karl
Grundriss zur Geschichte der deutschen Dichtung aus Quellen. Index bearb. von
Hartmut Rambaldo. Vorwort: Paul Raabe. -
Nendeln: Kraus-Thomson 1975. 383 S. 8°

152
Rom in alten Stichen. Macht und Glanz der Ewigen Stadt. 100 Ansichten des 16.
bis 18. Jahrhunderts nach den Originalen der Herzog August Bibliothek. Ausgewählt
und beschrieben von Wolfgang Kelsch. Geleitwort: Paul Raabe. -
Hannover: Vincentz-Verl. 1975. 16 S. Text, 100 Bl. Abb., 38 S. Tafeltexte in Mappe.
2°

153
Berns, Jörg Jochen
Justus Georg Schottelius. 1612-1676. Ein Teutscher Gelehrter am Wolfenbütteler
Hof. Ausstellung und Katalog: Jörg Jochen Berns unter Mitarb. von Wolfgang Borm.
Vorwort: Paul Raabe. -
Wolfenbüttel 1976. 168 S. m. Abb. 4°
(Ausstellungskataloge der Herzog August Bibliothek. Nr. 18.)

154
Haase, Yorck-Alexander
Die Neue Welt in den Schätzen einer alten europäischen Bibliothek. The New World
in the treasures of an old European library. Ausstellung und Katalog: Yorck
Alexander Haase, Harold Jantz. Vorwort: Paul Raabe. -
Wolfenbüttel 1976. 164 S. mit Abb. 4°
(Ausstellungskataloge der Herzog August Bibliothek. Nr. 17.)

155
Herzog August Bibliothek Wolfenbüttel. Forschungsprogramm. Vorwort: Rolf
Schneider, Paul Raabe. -
Wolfenbüttel 1976. 10 Bl. 8°

156
Herzog August Bibliothek Wolfenbüttel. Veranstaltungen 1976. Einführung:
Paul Raabe. -
Wolfenbüttel 1976. 22 Bl. 8°

157
Herzog August Bibliothek Wolfenbüttel. Verzeichnis medizinischer und
naturwissenschaftlicher Drucke 1472-1830. -
R. A.: Alphabetischer Index. Bearb. von Ursula Zachert unter Mitarbeit von Ursula
Zeidler. Vorwort: Paul Raabe. Bd. 1-4. 1982.
R. B: Chronologischer Index. Bearb. von Ursula Zachert. Vorwort: Paul Raabe.
Bd. 5-7. 1976.
R. C.: Ortsindex. Bearb. von Ursula Zachert. Vorwort: Paul Raabe. Bd. 8-10. 1978.
Nendeln: Kraus Reprint (1982: Millwood, N.Y. Kraus Intern. Publ.) 1976-1982. 8°

158
Herzog August Bibliothek. Jahresprogramm. Vorwort: Paul Raabe. -
Wolfenbüttel. 8°
1977(1976). 72 S.
1978(1977). 76 S.
1979(1978). 79 S.
1980(1979). 72 S.
1981(1980). 80 S.
1982(1981). 91 S.
1983(1982). 92 S.
1984(1983). 91 S.
1985(1984). 111 S.
1986(1985). 103 S.
1987(1986). 112 S.
1988(1987). 128 S.
1989(1988). 126 S.
1990(1989). 129 S.
1991(1990). 141 S.
1992(1991). 192 S.

159
Historische Forschung im 18. Jahrhundert. Organisation - Zielsetzung -
Ergebnisse. 12. Deutsch-Französisches Historikerkolloquium des Deutschen
Historischen Instituts Paris. Hrsg. von Karl Hammer und Jürgen Voss. Vorwort: Paul
Raabe. -
Bonn: Röhrscheid 1976. 484 S. 8°
(Pariser historische Studien. Hrsg. vom Deutschen Historischen Institut in Paris.
Bd. 13.)

160
Wolfenbütteler Notizen zur Buchgeschichte. Im Auftrage des Wolfenbütteler
Arbeitskreises für Geschichte des Buchwesens hrsg. von der Herzog August
Bibliothek. Jg. 1, H. 1. Vorwort: Herbert G. Göpfert, Paul Raabe. -
Hamburg: Dr. Ernst Hauswedell 1976. 8°

161
Bircher, Martin
Deutsche Drucke des Barock 1600-1720 in der Herzog August Bibliothek
Wolfenbüttel. Abt. A: Bibliotheca Augusta. Bd. 1: Ethica, Grammatica, Poetica,
Rhetorica. Vorwort: Paul Raabe. -
Nendeln: Kraus International Publ. 1977. XV, 346 S. 4°

162
Lang, Arend
Das Kartenbild der Renaissance. Ausstellung und Katalog: Arend Lang unter
Mitarbeit von Ulrike Gehlert und Yorck-Alexander Haase. Vorwort: Paul Raabe. -
Wolfenbüttel 1977. 98 S. m. Abb. 4°
(Ausstellungskataloge der Herzog August Bibliothek. Nr. 20.)

163
Lindner, Kurt
Bibliotheca Tiliana. Alte Jagdbücher aus aller Welt. Ausstellung aus der Bibliothek
Kurt Lindner in der Herzog August Bibliothek vom 12. November bis 28. Februar
1978. Ausstellung und Katalog: Kurt Lindner unter Mitarbeit von Helmar Härtel.
Vorwort: Paul Raabe. -
Wolfenbüttel 1977. 60 S., 37 Abb. 4°
(Ausstellungskataloge der Herzog August Bibliothek. Nr. 22.)

164
Schmidt-Biggemann, Wilhelm
Baruch de Spinoza. 1677-1977. Werk und Wirkung. Zusammengestellt und
eingeleitet von Wilhelm Schmidt-Biggemann. Vorwort: Paul Raabe. -
Wolfenbüttel 1977. 98 S. m. Abb. 4°
(Ausstellungskataloge der Herzog August Bibliothek. Nr. 19.)

165
Flach, Adolf
Raamin-Presse Roswitha Quadflieg 1973-1978. Mit einer Retrospektive der Presse
Oda Weitbrecht 1923-1930. Ausstellung in der Herzog August Bibliothek
Wolfenbüttel vom 11. März bis 11. Mai 1978. Ausstellung und Katalog: Adolf Flach.
Vorwort: Paul Raabe. -
Wolfenbüttel 1978. 48 S. m. Abb. 4°
(Ausstellungskataloge der Herzog August Bibliothek. Nr. 23.)

166
Härtel, Helmar
Die Handschriften der Stiftsbibliothek Gandersheim. Vorwort: Paul Raabe.
Wiesbaden: Harrassowitz 1978. 83 S. 8°
(Mittelalterliche Handschriften in Niedersachsen. H. 2.)

167
Harlfinger, Dieter
Griechische Handschriften und Aldinen. Eine Ausstellung anlässlich der XV. Tagung
der Mommsen-Gesellschaft in der Herzog August Bibliothek. Herzog August
Bibliothek Wolfenbüttel, 16. Mai bis 29. Juni 1978. Die Handschriften ausgew. und

beschrieben von Dieter Harlfinger in Zusammenarbeit mit Johanna Harlfinger und
Joseph A. M. Sonderkamp. Die Aldinen ausgew. und erläutert von Martin Sicherl.
Geleitwort: Paul Raabe. -
Wolfenbüttel 1978. 160 S. m. Abb. 4°
(Ausstellungskataloge der Herzog August Bibliothek. Nr. 24.)

168
Ruppelt, Georg
Deutsche Kinderbücher des 18. Jahrhunderts. Ein Beitrag zur Vorbereitung einer
Bibliographie alter Deutscher Kinderbücher. Ausstellung in der Herzog August
Bibliothek Wolfenbüttel. 3. November 1978 bis 10. Januar 1979. Ausstellung und
Katalog: Georg Ruppelt, Ingrid Nutz u.a. Vorwort: Paul Raabe.
Wolfenbüttel 1978. 82 S. m. Abb. 4°
(Ausstellungskataloge der Herzog August Bibliothek. Nr. 25.)

169
Die Schiefertafel. Mitteilungen zur Vorbereitung einer Bibliographie alter
Deutscher Kinderbücher. Hrsg. von Ernst L. Hauswedell. Red.: Renate Raecke-
Hauswedell. Jg. 1, Heft 1. Zum Geleit: Paul Raabe. -
Hamburg: Dr. Ernst Hauswedell 1978. 8°

170
Wolfenbütteler Lessingjahr. 1978/79. Programm. Vorwort: Paul Raabe.
Wolfenbüttel 1978. 14 Bl. 8°

171
Die Auguststadt. Wolfenbüttels historische Vorstadt aus dem 17. Jahrhundert. Zum
Geleit: Paul Raabe. -
Wolfenbüttel 1979. 44 S. m. Abb. 4°
(Ausstellungskataloge der Herzog August Bibliothek. Nr. 27. Beigabe 1.)

172
Lessingtage in Wolfenbüttel. Zum 250. Geburtstag von Gotthold Ephraim
Lessing (1729-1781). 18. bis 28. Januar 1979. Veranstaltet von der Herzog August
Bibliothek, der Lessing-Akademie und der Stadt Wolfenbüttel. Vorwort: Paul Raabe.
(Wolfenbüttel 1979). 6 Bl. 8°

173
Londenberg, Kurt
Kurt Londenberg. Bucheinbände. Mit einem Vorwort von Paul Raabe und Texten von
Kurt Londenberg. Hrsg. von der Herzog August Bibliothek. -
Hamburg: Christians 1979. 96 S. m. Abb. 4°
(Ausstellungskataloge der Herzog August Bibliothek. Nr. 26.)

174
Bircher, Martin
Salomon Gessner. Maler und Dichter der Idylle. 1730-1788. Wohnmuseum
Bärengasse Zürich vom 1. April bis 13. Juni 1980. Herzog August Bibliothek
Wolfenbüttel vom 19. Juli bis 20. September 1980. (Veranstaltet von der
Präsidialabteilung der Stadt Zürich und der Herzog August Bibliothek in

Zusammenarbeit mit der Zentralbibliothek, dem Kunsthaus Zürich und der
Schweizerischen Landesbibliothek Zürich.) Konzeption der Ausstellung: Martin
Bircher unter Mitw. von Thomas Bürger. Zum Geleit: Paul Raabe. -
Wolfenbüttel 1980. 196 S. m. Abb. 4°
(Ausstellungskataloge der Herzog August Bibliothek. Nr. 30.)

175
Flach, Adolf
Marianne Lautensack. Themen der Literatur in Grafikfolgen. Ausstellung in der
Herzog August Bibliothek Wolfenbüttel. Ausstellung und Katalog: Adolf Flach.
Vorwort: Paul Raabe.
Wolfenbüttel 1980. 24 S. m. Abb. 4°
(Ausstellungskataloge der Herzog August Bibliothek. Nr. 28.)

176
Herberger, Patricia
Hermann Conring 1661-1681. Ein Gelehrter der Universität Helmstedt. Ausstellung
der Herzog August Bibliothek Wolfenbüttel im Juleum Helmstedt 12. Dezember 1981
bis 31. März 1982, im Alten Rathaus zu Norden Frühsommer 1982, im Museum für
das Fürstentum Lüneburg Herbst 1982. Ausstellung und Katalog: Patricia Herberger
unter Mitwirkung von Michael Stolleis. Vorwort: Dieter Henze und Paul Raabe. -
Wolfenbüttel 1981. 112 S., 65 Abb., 2 Taf. 4°
(Ausstellungskataloge der Herzog August Bibliothek. Nr. 33.)

177
Herzog August Bibliothek. Festtage zur Eröffnung des Bibliotheksquartiers.
8. bis 11. Oktober 1981.
Wolfenbüttel 1981. 4 Bl. 4°

178
Anton Ulrich Herzog zu Braunschweig-Lüneburg
Werke. Historisch-kritische Ausgabe im Auftrag der Herzog August Bibliothek und in
Verbindung mit Hans-Henrik Krummacher hrsg. von Rolf Tarot. Bd. 1, 1.
Bühnendichtungen: Amelinde, Regier-Kunst-Schatten, Andromeda, Orpheus. Unter
Mitwirkung von Maria Munding und Julie Meyer hrsg. und eingeleitet von Blake Lee
Spahr. Vorwort: Paul Raabe. -
Stuttgart: Hiersemann 1982. LI, 257 S. 8°
(Bibliothek des Literarischen Vereins. Bd. 303.)

179
Cassens, Johann-Tönjes
Hermann Conring (1606-1681). Ein ostfriesischer Gelehrter von europäischem Rang.
Vorwort: Paul Raabe. -
Norden: Saltau 1982. 23 S. m. Abb. 8°

180
Pharmazie und der gemeine Mann. Hausarznei und Apotheke in deutschen
Schriften der frühen Neuzeit. Ausstellung der Herzog August Bibliothek Wolfenbütel
in der Halle des Zeughauses vom 23. August 1982 bis März 1983. Mit Beiträgen von
Erika Hickel, Irmgard Müller u.a. Hrsg. von Joachim Telle. Zum Geleit: Paul Raabe. -

Wolfenbüttel 1982. 144 S. m. Abb. 4°
(Ausstellungskataloge der Herzog August Bibliothek. Nr. 36.)

181
Schneider, Bernd
Vergil. Handschriften und Drucke der Herzog August Bibliothek. Ausstellung in der
Bibliotheca Augusta 5. Oktober 1982 bis 27. März 1983. Mit Beiträgen von Susanne
Netzer und Heinrich Rumphorst, eingeleitet von Bernhard Kytzler. Vorwort: Paul
Raabe. -
Wolfenbüttel 1982. 217 S. m. Abb. 4°
(Ausstellungskataloge der Herzog August Bibliothek. Nr. 37.)

182
Wissowatius, Andreas
Religio rationalis. Editio trilinguis. In Zusammenarbeit mit Julius Domanski, Tadeusz
Namowicz, Hubert Vandenbossche und Jeroom Vercruysse herausgegeben von
Zbigniew Ogonowski. Vorwort: Paul Raabe. -
Wiebaden: Harrassowitz i. Komm. 1982. 167 S. 8°
(Wolfenbütteler Forschungen. Bd. 20.)

183
Balzer, Hans Reimer
Reformation in Niedersachsen. Luthers Anhänger im 16. Jahrhundert. Ausstellung
und Katalog: Hans R. Balzer. Zur Ausstellung: Paul Raabe. -
Wolfenbüttel 1983. 38 S. m. Abb. 8°
(Wolfenbütteler Schriften zum Lutherjahr 1983 in Niedersachsen. H. 1.)

184
Bodemann, Ulrike
Fabula docet. Illustrierte Fabelbücher aus sechs Jahrhunderten. Aus den Beständen
der Herzog August Bibliothek und der Sammlung Ulrich von Kritter. Herzog August
Bibliothek, Zeughaus. 10. Dezember 1983 bis 23. April 1984. Konzeption der
Ausstellung und Katalog: Ulrike Bodemann. Mit Beiträgen von Helmut Arntzen,
Martin Bircher u.a. Vorwort: Paul Raabe. -
Wolfenbüttel 1983. 229 S. m. Abb. 4°
(Ausstellungskataloge der Herzog August Bibliothek. Nr. 41.)

185
Cohen, Aliza
The making of a manuscript. The Worms Bible of 1148 (British Library, Harley 2803-
2804). Foreword: Paul Raabe. -
Wiesbaden: Harrassowitz i. Komm. 1983. 222 S., 166 Abb. 4°
(Wolfenbütteler Forschungen. Bd. 25.)

186
Luther, Martin
Wolfenbütteler Psalter. 1513-1515. Hrsg. von Eleanor Roach und Reinhard Schwarz
unter Mitarb. von Siegfried Raeder. Geleitwort von Paul Raabe. Vorwort von Gerhard
Ebeling. Einleitung von Reinhard Schwarz. Faksimile-Ausgabe u. Kommentarband. -
Frankfurt a. M.: Insel-Verlag 1983. 2 Bde 8°

187
Piper, Wulf
Die Welt der Araber in Büchern einer alten Bibliothek. Ausstellung der Herzog
August Bibliothek Wolfenbüttel und der Katholischen Akademie Hamburg anlässlich
des Europäisch-Arabischen Symposiums über die Beziehungen zwischen den
Kulturen. Hamburg 11. bis 15. April 1983. Vorwort: Paul Raabe. -
Wolfenbüttel 1983. 124 S. m. Abb. 4°
(Ausstellungskataloge der Herzog August Bibliothek. Nr. 39.)

188
Reinitzer, Heimo
Biblia deutsch. Luthers Bibelübersetzung und ihre Tradition. Ausstellung in der
Zeughaushalle der Herzog August Bibliothek 7. Mai bis 13. November 1983. Staats-
und Universitätsbibliothek Hamburg 21. November bis 25. Februar 1984. Vorwort:
Paul Raabe. -
Wolfenbüttel 1983. 333 S. m. Abb. 4°
(Ausstellungskataloge der Herzog August Bibliothek. Nr. 40.)

189
**Stätten der Reformation und des kirchlichen Lebens im 16. Jahrhundert
in Niedersachsen.** Bearb. von Hans Reimer Balzer. Vorbemerkungen: Paul Raabe.
-
Braunschweig: Westermann 1983. 1 Kte.
(Beilage zu Luther 83. Mitteilungen zum Lutherjahr 1983 in Niedersachsen. H. 1.)

190
Architekt und Ingenieur. Baumeister in Krieg und Frieden. Konzept der
Ausstellung: Ulrich Schütte. Katalogbearbeitung: Ulrich Schütte in Zusammenarbeit
mit Hartwig Neumann und mit Beiträgen von Andreas Beyer u.a. Vorwort: Paul
Raabe. -
Wolfenbüttel 1984. 415 S. m. Abb. 4°
(Ausstellungskataloge der Herzog August Bibliothek. Nr. 42.)

191
Rothkirch, Adelheid Gräfin
Die Werkstatt Peters-Hahne. Hamburg 1927-1982. Eine Ausstellung im
Globenkabinett der Herzog August Bibliothek Wolfenbüttel. 2. Dezember 1984 bis
24. Februar 1985. Ausstellung und Katalog: Adelheid Gräfin Rothkirch. Vorwort:
Paul Raabe. -
Wolfenbüttel 1984. 31 S. m. Abb. 4°
(Ausstellungskataloge der Herzog August Bibliothek. Nr. 45.)

192
Timm, Regine
The Art of Illustration. Englische illustrierte Bücher des 19. Jahrhunderts. Aus der
Sammlung Dr. Ulrich von Kritter. Eine Ausstellung im Zeughaus der Herzog August
Bibliothek Wolfenbüttel. 1. Dezember 1984 bis 21. April 1985. Ausstellung und
Katalog: Regine Timm mit Beiträgen von David Bindman, Inge und Ulrich von
Kritter, Hans-Joachim Possin, Bernd Schälicke. Vorwort: Paul Raabe. -
Wolfenbüttel 1984. 215 S. m. Abb. 4°
(Ausstellungskataloge der Herzog August Bibliothek. Nr. 44.)

193
Bodemann, Ulrike
L'Art d'Illustration. Französische Buchillustration des 19. Jahrhunderts zwischen
Prachtwerk und Billigbuch. Eine Ausstellung der Herzog August Bibliothek
Wolfenbüttel. 7. Dezember 1985 bis 20. April 1986. Ausstellung und Katalog: Ulrike
Bodemann mit Beiträgen von Silvia Friedrich-Rust, Horst Günther und Eckhard
Schaar. Vorwort: Paul Raabe. -
Wolfenbüttel 1985. 219 S. m. Abb. 4°
(Ausstellungskataloge der Herzog August Bibliothek. Nr. 49.)

194
Briesemeister, Dietrich
Frühe spanische Drucke und Malerbücher spanischer Künstler. Ausstellung in der
Bibliotheca Augusta. Ausstellung und Katalog: Dietrich Briesemeister und Hans-Josef
Niederehe. Vorwort: Paul Raabe. Ausstellung in den musealen Räumen der
Bibliotheca Augusta vom 1. März bis 1. Dezember 1985. -
Wolfenbüttel 1985. 59 S. 30 Abb. 4°
(Ausstellungskataloge der Herzog August Bibliothek. Nr. 46.)

195
Konrad, Ulrich
Musikalischer Lustgarten. Kostbare Zeugnisse der Musikgeschichte. Ausstellung der
Herzog August Bibliothek Wolfenbüttel vom 5. Mai bis 1. Dezember 1985.
Ausstellung und Katalog: Ulrich Konrad, Adalbert Roth, Martin Staehelin. Vorwort:
Paul Raabe. -
Wolfenbüttel 1985. 294 S. m. Abb., 2 Schallplatten. 4°
(Ausstellungskataloge der Herzog August Bibliothek. Nr. 47.)

196
Literatur und Volk im 17. Jahrhundert. Probleme populärer Kultur in
Deutschland. Hrsg. von Wolfgang Brückner, Peter Blickle und Dieter Breuer.
Vorwort: Paul Raabe. T. 1. 2. -
Wiesbaden: Harrassowitz i. Komm. 1985. 2 Bde. 8°
(Wolfenbütteler Arbeiten zur Barockforschung. Bd. 13.)

197
Piper, Wulf
Lateinamerika in Niedersachsen. Von Kolumbus bis Bolivar. Ausstellung der Herzog
August Bibliothek Wolfenbüttel und des Niedersächsischen Landesmuseums
Hannover im Auftrag der niedersächsischen Simon Bolivar-Gesellschaft. Sommer
1985. Vorwort: Paul Raabe. -
Wolfenbüttel 1985. VI, 112 S. m. Abb. 4°
(Ausstellungskataloge der Herzog August Bibliothek. Nr. 48.)

198
Albrecht, Michael
Moses Mendelssohn. 1729-1786. Das Lebenswerk eines jüdischen Denkers der
deutschen Aufklärung. Ausstellung im Meißnerhaus der Herzog August Bibliothek
Wolfenbüttel vom 4. bis 24. September 1986. Vorwort: Paul Raabe. -
Weinheim: Acta humaniora, VCH 1986. 195 S. m. Abb. 4°
(Ausstellungskataloge der Herzog August Bibliothek. Nr. 51.)

199
Bodemann, Ulrike
Erich Klahns Ulenspiegel. Illustrationsfolgen zu Charles de Costers Roman.
Ausstellung im Malerbuchkabinett der Bibliotheca Augusta vom 6. September bis
26. Oktober 1986. Ausstellung und Katalog: Ulrike Bodemann mit Beiträgen von
Diana Maria Fritz u.a. Vorwort: Paul Raabe. -
Wolfenbüttel 1986. 108 S. m. Abb. 4°
(Ausstellungskataloge der Herzog August Bibliothek. Nr. 52.)

200
Hordynski, Piotr
Exlibris Biblioteka Jagiellonska. Polnische Bücherzeichen aus den Sammlungen der
Jagiellonischen Bibliothek Krakau. Ausstellung im Malerbuchkabinett der Bibliotheca
Augusta vom 1. November 1986 bis 1. März 1987. Ausstellung und Katalog: Piotr
Hordynski und Jan Pirozynski. Vorwort: Paul Raabe. -
Weinheim: Acta humaniora, VCH 1986. 116 S. m. Abb. 4°
(Ausstellungskataloge der Herzog August Bibliothek. Nr. 53.)

201
Die indische Welt in den Schätzen einer alten europäischen Bibliothek.
Ausstellung während der Frankfurter Buchmesse 1.-6. Oktober 1986. Vorwort: Paul
Raabe.
In: Wolfenbütteler Bibliotheks-Informationen. 11(1986), Nr. 3, S. 25-48.

202
Knops, Matthieu
Memorabilia Erasmiana: Die 'Adagia'. Führer durch die Ausstellung im Globenraum
der Bibliotheca Augusta. Herzog August Bibliothek Wolfenbüttel. 3. November bis
31. Dezember 1986. Zusammengestellt von Matthieu Knops. Vorwort: Paul Raabe. -
Wolfenbüttel 1986. 21 S. 4° [masch.]

203
Mix, York-Gotthart
Kalender? Ey wie viel Kalender! Literarische Almanache zwischen Rokoko und
Klassizismus. Ausstellung im Zeughaus der Herzog August Bibliothek Wolfenbüttel
vom 15. Juni bis 5. November 1986. Katalog und Ausstellung: York-Gotthart Mix.
Mit Beiträgen von Karl-Heinz Hahn u.a. Vorwort: Paul Raabe. -
Wolfenbüttel 1986. 254 S. m. Abb. 4°
(Ausstellungskataloge der Herzog August Bibliothek. Nr. 50.)

204
Mortzfeld, Peter
Katalog der graphischen Porträts in der Herzog August Bibliothek Wolfenbüttel.
Bearb. von Peter Mortzfeld. Bd. 1: Abbildungen A-Ba. Geleitwort: Paul Raabe. -
München, London, New York, Paris: Saur 1986. X, 429 S. 4°

205
Otte, Wolf-Dieter
Die neueren Handschriften der Gruppe Extravagantes. T. 1. A. Extrav.-90. Extrav.
Beschrieben von Wolf-Dieter Otte. Vorwort: Paul Raabe. -

Frankfurt a. M.: Klostermann 1986. XV, 437 S. 4°
(Kataloge der Herzog August Bibliothek Wolfenbüttel. Nr. 17.)

206
Timm, Regine
Die Kunst der Illustration. Deutsche Buchillustration des 19. Jahrhunderts.
Ausstellung im Zeughaus der Herzog August Bibliothek Wolfenbüttel vom 12.
November 1986 bis 22. März 1987. Ausstellung und Katalog: Regine Timm mit
Beiträgen von Ute Etzold, Wolf-Dieter Otte u.a. Vorwort: Paul Raabe. -
Weinheim: Acta humaniora, VCH 1986. 240 S. m. Abb. 4°
(Ausstellungskataloge der Herzog August Bibliothek. Nr. 54.)

207
Walter O. Grimm. Ausstellung vom 29. August bis 4. Oktober 1986 in der Galerie
Bodo Niemann. Vorwort: Paul Raabe. -
Berlin: Galerie Niemann 1986. 32 S. 4°

208
Becher, Johannes R.
Johannes R. Becher - Heinrich F. S. Bachmair. Briefwechsel 1914-1920. Briefe und
Dokumente zur Verlagsgeschichte des Expressionismus. Hrsg. von Maria Kühn-
Ludwig. Vorwort: Paul Raabe. -
Frankfurt a. M., Bern, New York: Peter Lang 1987. VIII, 263 S. 8°
(Regensburger Beiträge zur deutschen Sprach- und Literaturwissenschaft. Bd 3.)

209
China illustrata. Das europäische China-Verständnis im Spiegel des 16.-18.
Jahrhunderts. Ausstellung im Zeughaus der Herzog August Bibliothek vom 21. März
bis 23. August 1987. Ausstellung und Katalog: Hartmut Walravens m. e. Beitrag von
David E. Mungello. Vorwort: Paul Raabe. -
Weinheim: VCH Acta Humaniora 1987. 302 S. m. Abb. 4°
(Ausstellungekataloge der Herzog August Bibliothek. Nr. 55.)

210
Text als Figur. Visuelle Poesie von der Antike bis zur Moderne. Ausstellung im
Zeughaus der Herzog August Bibliothek vom 1. September 1987 bis 17. April 1988.
Ausstellung und Katalog: Jeremy Adler und Ulrich Ernst. Vorwort: Paul Raabe. -
Weinheim: VCH Acta Humaniora 1987. 336 S. m. Abb. 4°
(Ausstellungskataloge der Herzog August Bibliothek. Nr. 56.)
2., verb. Aufl. 1988.
3. Aufl. 1989.

211
Thomasius, Christian
Schertz- und Ernsthaffter, Vernünftiger und Einfältiger Gedancken über allerhand
Lustige und Nützliche Bücher und Fragen... Nachdruck d. Ausg. Frankfurt und
Leipzig 1688. Vorwort: Paul Raabe. -
Weinheim: VCH Verl. Ges. 1987. 124 S. 8°
(Jahresgabe für 1988 der Gesellschaft der Freunde der Herzog August Bibliothek
Wolfenbüttel sowie der VCH Verlags-Gesellschaft Weinheim.)

82

SAMMLUNG METZLER

REALIEN ZUR LITERATUR

Paul Raabe/Georg Ruppelt

—

Quellenrepertorium

zur neueren deutschen

Literaturgeschichte

—

Dritte Auflage

1682

SAMMLUNG METZLER BAND 74

SAMMLUNG METZLER

212
Antoni Tàpies. Die Bildzeichen und das Buch. Ausstellung im Malerbuchkabinett
der Bibliotheca Augusta vom 2. Juli bis 30. Dezember 1988. Katalog: Harriett Watts.
Vorwort: Paul Raabe. -
Wolfenbüttel: Herzog August Bibliothek 1988. 47 S., 19 Abb., 10 Farbtaf. 4°
(Malerbuchkataloge der Herzog August Bibliothek Nr. 1.)

213
Barocke Sammellust. Die Bibliothek und Kunstkammer des Herzogs Ferdinand
Albrecht von Braunschweig-Lüneburg (1636-1687). Ausstellung im Zeughaus der
Herzog August Bibliothek vom 28. Mai bis 30. Oktober 1988. Ausstellung und
Katalog: Jill Bepler mit Beiträgen von Jochen Bepler u.a. Vorwort: Paul Raabe. -
Weinheim: VCH Acta Humaniora 1988. 288 S. m. Abb. 4°
(Ausstellungskataloge der Herzog August Bibliothek. Nr. 57.)

214
Flotho, Marianne
Bücherschätze in Wolfenbüttel. Herzog August Bibliothek. Ein Begleiter für junge
Besucher. Vorwort: Paul Raabe. -
Bad Münder: Leibniz-Bücherwarte 1988. 76 S. m. Abb. 8°

215
Hans Arp und Sophie Taeuber-Arp. Die Elemente der Bilder und Bücher.
Ausstellung im Malerbuchkabinett der Bibliotheca Augusta vom 19. Januar bis
12. März 1989 anlässlich des 100. Geburtstags von Sophie Taeuber-Arp. Katalog:
Harriett Watts. Vorwort: Paul Raabe. -
Wolfenbüttel: Herzog August Bibliothek 1988. 55 S., 34 Abb., 13 Farbtaf. 4°
(Malerbuchkataloge der Herzog August Bibliothek. Nr. 2.)

216
Schaper, Karl
La Divina Comedia up plattdütsch. Vorwort: Paul Raabe. -
Apelnstedt 1988. gr.-2°

217
Das Buch des Künstlers. Die schönsten Malerbücher aus der Sammlung der
Herzog August Bibliothek ausgestellt in den Buchhäusern von Walter Pichler.
Kommentiert von Harriet Watts. Hrsg. von Carl Haenlein. Vorwort: Paul Raabe.
16. April bis 16. Juli 1989. -
Hannover: Kestner-Gesellschaft 1989. 179 S. m. Abb. 8°
(Katalog Nr. 3.)

218
Das Buch in Praxis und Wissenschaft. 40 Jahre Deutsches Bucharchiv
München. Eine Festschrift. Hrsg. von Peter Vodosek. Geleitwort: Paul Raabe. -
Wiesbaden: Harrassowitz 1989. 850 S. 8°
(Buchwissenschaftliche Beiträge aus dem Deutschen Bucharchiv München. 25.)

219
Feuerstein, Petra
Von Euklid bis Gauss. Begleitheft zur Ausstellung 'Mass, Zahl und Gewicht.
Mathematik als Schlüssel zu Weltverständnis und Weltbeherrschung'. Vorwort: Paul
Raabe. -
Wolfenbüttel: Herzog August Bibliothek 1989. 56 S. 4°

220
Friemuth, Cay
Die geraubte Kunst. Der dramatische Wettlauf um die Rettung der Kunstschätze nach
dem Zweiten Weltkrieg. Entführung, Bergung und Restitution europäischen
Kulturgutes 1939-1948. Mit dem Tagebuch des britischen Kunstschutzoffiziers
Robert Lonsdale Charles. Hrsg. in Zusammenarbeit mit Kurt Seeleke im Auftrag der
Herzog August Bibliothek Wolfenbüttel. Vorwort: Paul Raabe. -
Braunschweig: Westermann 1989. 351 S. m. Abb. 8°

221
Graecogermanica. Griechischstudien deutscher Humanisten. Die Editionstätigkeit
in der italienischen Renaissance (1469-1523). Ausstellung im Zeughaus der Herzog
August Bibliothek Wolfenbüttel vom 22. April bis 9. Juni 1989 unter Leitung von
Dieter Harlfinger. Vorwort: Paul Raabe. -
Weinheim: VCH Acta Humaniora 1989. 419 S. m. Abb. 4°
(Ausstellungskataloge der Herzog August Bibliothek. Nr. 59.)

222
Horst Günther - Ausstellung im Zeughaus der Herzog August Bibliothek
Wolfenbüttel vom 30. Oktober bis 18. November 1989. Konzeption der Ausstellung:
Sabine Solf. Vorwort: Paul Raabe. -
Wolfenbüttel: Herzog August Bibliothek 1989. 67 S. 4°

223
Mass, Zahl und Gewicht. Mathematik als Schlüssel zu Weltverständnis und
Weltbeherrschung. Ausstellung im Zeughaus vom 15. Juli bis 24. September 1989.
Konzeption der Ausstellung und Katalog: Menso Folkerts, Eberhard Knobloch, Karin
Reich. Vorwort: Paul Raabe. -
Weinheim: VCH Acta Humaniora 1989. 392 S. m. Abb. 4°
(Ausstellunskataloge der Herzog August Bibliothek. Nr. 60.)
2. überarb. u. erweit. Aufl. 2001. VII, 434 S.

224
Raabe, Mechthild
Leser und Lektüre im 18. Jahrhundert. Die Ausleihbücher der Herzog August
Bibliothek Wolfenbüttel 1714-1799. Vorwort: Paul Raabe. Bd 1-4. -
München, London, New York, Paris: Saur 1989. 4 Bde 8°

225
Staatsklugheit und Frömmigkeit. Herzog Julius zu Braunschweig-Wolfenbüttel,
ein norddeutscher Landesherr des 16. Jahrhunderts. Ausstellung im Zeughaus der
Herzog August Bibliothek vom 9. Dezember 1989 bis 29. April 1990. Katalog und

Ausstellung: Christa Graefe, Krystof Biskup u.a. Vorwort: Paul Raabe. -
Weinheim: VCH Acta Humaniora 1989. 164 S. m. Abb. 4°
(Ausstellungskataloge der Herzog August Bibliothek. Nr. 61.)

226
Wolfenbütteler Cimelien. Das Evangeliar Heinrich des Löwen in der Herzog
August Bibliothek Wolfenbüttel. Ausstellung in den musealen Räumen der Herzog
August Bibliothek vom 4. April bis 16. Juli 1989. Konzeption der Ausstellung und
Katalog: Peter Ganz u.a. Vorwort: Paul Raabe. -
Weinheim: VCA Acta Humaniora 1989. 225 S. m. Abb. 4°
(Ausstellungskataloge der Herzog August Bibliothek. Nr. 58.)

227
Borm, Wolfgang
Incunabula Guelferbytana (IG). Blockbücher und Wiegendrucke der Herzog August
Bibliothek Wolfenbüttel. Ein Bestandsverzeichnis. Geleitwort: Paul Raabe. -
Wiesbaden: Harrassowitz i. Komm. 1990. XXII, 564 S., 26 Abb. 4°
(Repertorien zur Erforschung der Herzog August Bibliothek. Nr. 10.)

228
Leuchtend klare Metamorphosen. Paul Eluard und Joan Mirò: A toute épreuve.
Ausstellung im Malerbuchkabinett der Bibliotheca Augusta vom 5. Mai bis
30. September 1990. Ausstellung und Katalog: Sabine Solf und Harriett Watts.
Vorwort: Paul Raabe. -
Wolfenbüttel: Herzog August Bibliothek 1990. 59 S. m. Abb. 4°
(Malerbuchkataloge der Herzog August Bibliothek. Nr. 3.)

229
Libros antiguos españolas en la biblioteca del Duque August. Exposicion
en la Instituta Cultural 'El Brocense' Caceres 1990. Exposicion y catalogo: Dietrich
Briesemeister y Hans-Josef Niederehe. Prefacio: Paul Raabe. -
Wolfenbüttel: Biblioteca del Duque August 1990. 52 S. m. Abb. 4°
(Ausstellungskataloge der Herzog August Bibliothek. Nr. 46.)

230
Livre d'artiste. Les plus beaux livres de peintre de la collection de la Herzog
August Bibliothek de Wolfenbüttel. Texte de Harriett Watts, trad. par Marc Sagnol.
Ed. par Carl Haenlein. 12 sept.-28 oct. 1990. Le Volcan - Maison de la culture du
Havre. Préface: Paul Raabe. -
Hannover: Kestner-Gesellschaft 1990. 171 S. m. Abb. 4°

231
Neerlandica Ferdinando-Albertina. Nederlandse drukken uit de bibliotheek van
hertog Ferdinand Albrecht zu Braunschweig-Lüneburg. Niederländische Drucke aus
der Bibliothek des Herzogs Ferdinand Albrecht zu Braunschweig-Lüneburg.
Samengest. door Matthieu Knops. Vorwort: Paul Raabe. -
's-Gravenhage: Koninklijke Bibliotheek 1990. 98 S. 8°
(Tentoonstellingscatalogi en -brochures van den Koninklijke Bibliotheek. Nr. 34.)

232
Royer, Johann
Beschreibung des ganzen Fürstlich Braunschweigischen gartens zu Hessen. Reprint d.
Ausg. Braunschweig 1651. Hrsg. vom Landkreis Wolfenbüttel und der Herzog
August Bibliothek. Vorwort: Paul Raabe. -
Wolfenbüttel: Herzog August Bibliothek 1990. 12 Bl., 130 S., 2 Bl. 8°

233
Weyrauch, Erdmann
Wolfenbütteler Bibliographie zur Geschichte des Buchwesens im deutschen
Sprachgebiet 1840-1980 (WBB). Bearb. von Erdmann Weyrauch unter Mitarbeit von
Cornelia Fricke. Mit einem Geleitwort von Paul Raabe. Bd 1-12. -
München, New York, London, Paris: Saur 1990-1999. 4°

234
allzeit ein buch. Die Biblothek Wolfgang Amadeus Mozarts. Ausstellung im
Malerbuchkabinett der Bibloheca Augusta vom 5. Dezember bis zum 15. März 1992.
Ausstellung und Katalog: Ulrich Konrad und Martin Staehelin. Vorwort: Paul Raabe.
-
Weinheim: VCH Acta Humaniora 1991. 146 S. m. Abb. 4°
(Ausstellungskataloge der Herzog August Bibliothek. Nr. 66.)

235
Chemie zwischen Magie und Wissenschaft. Ex Bibliotheca Chymica 1500-
1800. Ausstellung und Katalog: Georg Schwedt. Vorwort: Paul Raabe. -
Weinheim: VCH Acta Humaniora 1991. 136 S. m. Abb. 4°
(Ausstellungskataloge der Herzog August Bibliothek. Nr. 64.)

236
Da Vienna a Napoli in Carrozza. Il Viaggio di Lessing in Italia. A cura die Lea
Ritter-Santini. Premessa: Paul Raabe. -
Napoli: Electa 1991. 723 S. m. Abb. 4° 2 Bde
(Ausstellungskataloge der Herzog August Bibliothek. Nr. 65.)

237
Koppenhöfer, Erdmute
Marvid Presse. Malerbücher und Zeichnungen. 1985 - 1991. Ausstellung im
Malerbuchkabinett der Bibliotheca Augusta vom 6. Juli bis 18. August 1991.
Vorwort: Paul Raabe.-
Wolfenbüttel: Herzog August Bibliothek 1991. 76 S. m. Abb. 4°
(Malerbuchkataloge der Herzog August Bibliothek. Nr. 5.)

238
Mittelalterliche Handschriften der Dombibliothek in Hildesheim.
Ausstellung der Dombibliothek und der Herzog August Bibliothek in der Bibliotheca
Augusta vom 13. April bis 2. Juni 1991. Ausstellung und Katalog: Jochen Bepler und
Helmar Härtel, die Beschreibung der für diesen Katalog ausgewählten Handschriften
stammen von Marlis Stähli. Vorwort: Paul Raabe. -
Wolfenbüttel: Herzog August Bibliothek 1991. 78 S. m. Abb. 4°

239
Der Raum der Worte. Polnische Avantgarde und Künstlerbücher 1919-1990.
Ausstellung des Centrum Sztuki Wspolczesnej Warschau und der Herzog August
Bibliothek im Malerbuchkabinett der Bibliotheca Augusta. Ausstellung und Katalog:
Paul Rypson. Vorwort: Paul Raabe. -
Wolfenbüttel: Herzog August Bibliothek 1991. 111 S. m. Abb. 4°
(Malerbuchkataloge der Herzog August Bibliothek. Nr. 7.)

240
ut pictura poesis. Weltliteratur in Malerbüchern der Herzog August Bibliothek.
Ausstellung der Kunstsammlungen zu Weimar und der Herzog August Biblothek vom
5. Juli bis 1. September 1991 in der Kunsthalle am Theaterplatz, Weimar. Katalog:
Sabine Solf mit Beschreibungen von Harriett Watts. Vorwort: Paul Raabe. -
Wolfenbüttel: Herzog August Bibliothek 1991. 62 S. m. Abb. 4°
(Malerbuchkataloge der Herzog August Bibliothek. Nr. 6.)

241
Gott ist selber Recht. Die vier Bilderhandschriften des Sachsenspiegels
Oldenburg, Heidelberg, Wolfenbüttel, Dresden. Ausstellung in der Schatzkammer der
Bibliotheca Augusta vom 12. Februar bis 11. März 1992. Ausstellung und Katalog:
Ruth Schmidt-Wiegand und Wolfgang Milde. Nachwort: Paul Raabe. -
Wolfenbüttel: Herzog August Bibliothek 1992. 91 S. m. Abb. 4°
(Ausstellungskataloge der Herzog August Bibliothek. Nr. 67.)

242
Polnische Drucke und Polonica 1501-1700. Katalog der Herzog August
Bibliothek Wolfenbüttel. Druki polski i Polonica 1501-1700. Katalog zbiorow Herzog
August Bibliothek Wolfenbüttel. Bearbeitet von Małgorzata Gołuszka und Marian
Malicki. Bd 1: 1501-1600. T. 1. 2. Geleitwort: Paul Raabe. -
München, New York, London, Paris: Saur 1992. XXVII, 547 S. 4°

243
Almanach. 2. Halle Buch & Grafiktage. Ein Wort zum Geleit: Paul Raabe. -
Halle 1994. 12 Bl. 4°

244
Die Franckeschen Stiftungen zu Halle an der Saale. Informationen und
Veranstaltungen. Jahresheft 1993-1996. (Hrsg. von Paul Raabe und Penelope Willard.
1995 ff. fortgesetzt von Penelope Willard.) Vorwort: Paul Raabe. -
Halle: Verlag der Franckeschen Stiftungen zu Halle 1992-1995. 8° 4 Hefte
(Schriften der Franckeschen Stiftungen. 2, 3, 5, 6.)

245
Hidalgo, Heike
Don Quijote - Illusion und Sturz. Don Chisciotte - Illusione e caduta. Don Quijote -
Ilusión y caída. Arbeiten in Öl und Acryl von Heike Hidalgo. Einführung: Paul
Raabe. -
Wolfenbüttel: Kulturamt der Stadt Braunschweig, Istituto Italiano per gli Studi
Filosofici, Napoli 1994. 172 S. 4°

246
August Hermann Niemeyer. Sein Leben und Wirken. Zum Gedächtnis des
100jährigen Todestages von Karl Menne. 2., unveränd. Aufl. Vorwort: Paul Raabe. -
Halle: Verlag der Franckeschen Stiftungen Halle im Niemeyer Verlag Tübingen 1995.
155 S., 4 Abb. 8°

247
Canstein, Carl Hildebrand Freiherr von
Ohnmassgeblicher Vorschlag Wie Gottes Wort den Armen zur Erbauung um einen
Geringen Preiss in die Hände zu bringen. Nachbemerkung: Paul Raabe. -
Halle: Verlag der Franckeschen Stiftungen 1995. 4 Bl. 8°
(Kleine Texte der Franckeschen Stiftungen. 3.)

248
Das literarische Leipzig. Kulturhistorisches Mosaik einer Buchstadt. Hrsg. von
Andreas Herzog. Mit einem Geleitwort von Paul Raabe. -
Leipzig: Edition Leipzig 1995. 367 S. mit Abb. 4°

249
Luther bei uns. Die Franckeschen Stiftungen im Lutherjahr 1996.
Veranstaltungsprogramm der Franckeschen Stiftungen zu Halle. Januar bis April
1996. Vorbemerkung: Paul Raabe. -
Halle: Verlag der Franckeschen Stiftungen 1995. 20 S. m. Abb. 8°

250
Die Franckeschen Stiftungen zu Halle an der Saale. 300 Jahre Latina.
Jahresprogramm 1997. (Hrsg. von Penelope Willard.) Vorwort: Paul Raabe. -
Halle: Verlag der Franckeschen Stiftungen zu Halle 1996. 158 S. m. Abb. 8°
(Schriften der Franckeschen Stiftungen. 7.)

251
Die grosse Nordische Expedition. Georg Wilhelm Steller (1709-1746) - ein
Lutheraner erforscht Sibirien und Alaska. Eine Ausstellung der Franckeschen
Stiftungen zu Halle. Hrsg. von Wieland Hintzsche und Thomas Nickol unter Mitarb.
von Heike Heklau. (Vorwort: Paul Raabe.) -
Gotha: Justus Perthes Verl. 1996. XII, 347 S. m. Abb. 4°

252
Literaturvermittler um die Jahrhundertwende: J. C. C. Bruns' Verlag, seine
Autoren und Übersetzer. Hrsg. von Klaus Martens. (Zum Geleit: Paul Raabe). -
St. Ingbert: Röhrig Universitätsverlag 1996. 223 S. 8°
(Schriften der Saarländischen Universitäts- und Landesbibliothek. Bd. 1.)

253
Russischer Herbst in den Franckeschen Stiftungen.
Veranstaltungsprogramm der Franckeschen Stiftungen zu Halle September 1996 bis
Januar 1997. Vorbemerkung: Paul Raabe.-
Halle: Verlag der Franckeschen Stiftungen zu Halle 1996. 32 S. m. Abb. 8°

254
Sibirischer Sommer in den Franckeschen Stiftungen zu Halle.
Veranstaltungsprogramm der Franckeschen Stiftungen zu Halle Mai bis Juli 1996.
Vorbemerkung: Paul Raabe. -
Halle: Verlag der Franckeschen Stiftungen zu Halle 1996. 20 S. m. Abb. 8°

255
Gotthold Ephraim Lessing e suoi contemporanei in Italia. A cura di Lea
Ritter Santini. Atti del Convegno internazionale organizzato in occasione della mostra
"Da Vienna a Napoli in Carrozza. Il Viaggio di Lessing in Italia", Napoli,
31 ottobre - 1 novembre 1991. Saluto: Paul Raabe. -
Napoli: Vivarium 1997. XII, 189 S. m. Abb.
(Biblioteca Europea. 11.)

256
Mitten im Aufbruch. 300 Jahre Franckesche Stiftungen zu Halle an der Saale.
1698-1998. Jahresprogramm 1998. (Hrsg. von Penelope Willard.) Vorwort des
Direktoriums: Paul Raabe. -
Halle/S.: Franckesche Stiftungen 1997. 196 S. m. Abb. 8°
(Schriften der Franckeschen Stiftungen. 8.)

257
Nehrlich, Hans Ludwig
Erlebnisse eines frommen Handwerkers im späten 17. Jahrhundert. Hrsg. von Rainer
Lächele. (Vorwort: Paul Raabe.) -
Halle: Verlag der Franckeschen Stiftungen Halle im Max Niemeyer Verlag Tübingen
1997. VII, 100 S. 8°
(Hallesche Quellenpublikationen und Repertorien. Bd. 1.)

258
Schulwege: Schulexperimente. Veranstaltungsprogramm der Franckeschen
Stiftungen zu Halle anlässlich des 300-jährigen Jubiläums der "Latina August
Hermann Francke" im Melanchthon-Jahr 1997. September bis Dezember 1997.
Vorwort: Paul Raabe. -
Halle: Verlag der Franckeschen Stiftungen zu Halle 1997. 36 S. m. Abb. 8°

259
Erinnerungstage "Mitten im Aufbruch", September 1998. (Vorwort: Paul
Raabe.) -
Halle: Verlag der Franckeschen Stiftungen zu Halle 1998. 4 Bl. 8°

260
**Festwoche zum 300jährigen Bestehen der Franckeschen Stiftungen
15. bis 21. Juni 1998.** (Vorwort: Paul Raabe.) -
Halle: Verlag der Franckeschen Stiftungen zu Halle 1998. 4 Bl. 8°

261
Francke, August Hermann
Anstalten/Die zu Verpflegung der Armen zu Glaucha an Halle gemachet sind.
Nachwort: Paul Raabe. -

Halle: Verlag der Franckeschen Stiftungen zu Halle 1998. 10 Bl. 8°
(Kleine Texte der Franckeschen Stiftungen. 4.)

262
Francke, August Hermann
Was noch aufs künftige projectiret ist. 1711.
Nachwort: Paul Raabe. -
Halle: Verlag der Franckeschen Stiftungen zu Halle 1998. 4 Bl. 8°
(Kleine Texte der Franckeschen Stiftungen. 6.)

263
Die Franckeschen Stiftungen im Goethe-Jahr 1999. Jahresprogramm. (Hrsg.
von Penelope Willard.) Vorwort: Paul Raabe. -
Halle: Verlag der Franckeschen Stiftungen zu Halle 1998. 195 S. m. Abb. 8°
(Schriften der Franckeschen Stiftungen. 9.)

264
Friedrich III. Kurfürst von Brandenburg
Chur-Fürstlich-Brandenburgisches Privilegium über das Waysen=Hauß zu Glaucha an
Halle. Anno 1698. Nachwort: Paul Raabe. -
Halle: Verlag der Franckeschen Stiftungen zu Halle 1998. 8 Bl. 8°
(Kleine Texte der Franckeschen Stiftungen. 5.)

265
Fundaminski, Michail
Die Russica-Sammlung der Franckeschen Stiftungen zu Halle. Aus der Geschichte der
deutsch-russischen kulturellen Beziehungen im 18. Jahrhundert. Katalog. Vorwort:
Paul Raabe. -
Halle: Verl. der Franckeschen Stiftungen Halle im Max Niemeyer-Verl. Tübingen
1998. 158 S. 8°
(Hallesche Quellenpublikationen und Repertorien. 2.)

266
Müller-Bahlke, Thomas
Die Wunderkammer. Das Kunst- und Naturalienkabinett der Franckeschen Stiftungen
zu Halle. (Vorwort: Paul Raabe.).-
Halle: Verlag der Franckeschen Stiftungen 1998. 127 S. 4°

267
Goethe, Johann Wolfgang von
Brief des Pastors zu *** an den neuen Pastor zu ***. 1773. Nachwort: Paul Raabe. -
Halle: Verlag der Franckeschen Stiftungen zu Halle 1999. 16 Bl. 8°
(Kleine Texte der Franckeschen Stiftungen. 7.)

268
Das Goethe-Jahr 1999 in Halle an der Saale. Veranstaltungsprogramm für die
Stadt Halle (Saale) sowie für Bad Lauchstädt, Dessau und Wörlitz anlässlich des
250. Geburtstages von Johann Wolfgang von Goethe 1999. Vorwort: Paul Raabe. -
Halle: Verlag der Franckeschen Stiftungen zu Halle 1999. 18 Bl. m. Abb. 8°

269
Die Franckeschen Stiftungen zu Halle im Jahr 2000. Jahresprogamm im
Rahmen des Programms "Was für Kinder!" 2000 - ein Kinderjahr in Halle. (Hrsg. von
Penelope Willard.) Einleitung: Paul Raabe. -
Halle: Verlag der Franckeschen Stiftungen zu Halle 2000. 223 S. m. Abb. 8°
(Schriften der Franckeschen Stiftungen. 10.)

270
Kindsein kein Kinderspiel. Das Jahrhundert des Kindes (1900-1999). Hrsg. von
Petra Larass. (Vorwort: Paul Raabe.) -
Halle: Verlag der Franckeschen Stiftungen 2000. 492 S. 4°
(Kataloge der Franckeschen Stiftungen. 7.)

2. Frühe Zeitungsartikel 1949 - 1956

271
Kinderfest bei Goethe. -
In: Leuchtfeuer. Schülerzeitschrift für Jungen und Mädchen bis zu zwölf Jahren.
1(1949), Nr. 2, S. 4-6.

272
Zwerg Bücherwurm. -
In: Leuchtfeuer. Schülerzeitschrift für Jungen und Mädchen bis zu zwölf Jahren.
1(1949), Nr. 4, S. 10-12.

273
Der "Narr". Eine Zeichnung von Alfred Kubin. -
In: Nordwest-Zeitung vom 10. Februar 1949.

274
Erich Kästner ist fünfzig. -
In: Nordwest-Zeitung vom 24. Februar 1949.

275
Alte Bücher aus Oldenburg. Ein kleiner Zug durch die Druckgeschichte. -
In: Nordwest-Zeitung vom 1. März 1949. Ausg. Ammerland-Friesland.

276
Neues aus der Landesbibliothek. -
In: Nordwest-Zeitung vom 12. März 1949.

277
Volkshochschule Oldenburg: Tiefstand überwunden? -
In: Nordwest-Zeitung vom 24. März 1949.

278
Moderne Kunst vor 100 Jahren. -
In: Nordwest-Zeitung vom 26. März 1949.

279
Ertragssteigerung durch Verkoppelung. -
In: Nordwest-Zeitung vom 14. April 1949.

280
Die Natur lässt sich nicht ausbeuten. -
In: Nordwest-Zeitung vom 5. Mai 1949.

281
Franz Kafka - Revolutionär der Dichtung. -
In: Nordwest-Zeitung vom 4. Juni 1949.

282
Sind die Bücher zu teuer? -
In: Nordwest-Zeitung vom 13. August 1949.

283
Wie einst die "Insel" entstand. Ein Stück heimatlicher Literaturgeschichte. -
In: Nordwest-Zeitung vom 13. August 1949.
Überarb. Wiederabdruck u. d. T.:
Friedrich Leopold Graf zu Stolberg in Neuenburg. -
In: Paul Raabe: Wie Shakespeare durch Oldenburg reiste.
Oldenburg 1986, S. 175-180, Abb.

284
Magie der Zeichenfeder. Von der Arbeit des Hamburger Kubin-Archivs. -
In: Hamburger Abendblatt vom 29. September 1949, Nr. 128.

285
Dichter des Unheimlichen. Edgar Allen Poe zum 100. Todestag am 7. Oktober
1949. -
In: Nordwest-Zeitung vom 7. Oktober 1949.

286
Magier der Zeichenfeder Kubin. -
In: Okkulte Welt. Übersinnliches Geschehen. Spiritismus, Magie, Astrologie und
okkulte Grenzgebiete vom 15. Oktober 1949, Nr. 4, S. 5.

287
Kleine Lexikon-Plauderei. -
In: Nordwest-Zeitung vom 19. Oktober 1949.

288
Wie Theodor von Kobbe Goethe besuchte. Aus dem Leben eines Oldenburger
Poeten. -
In: Nordwest-Zeitung vom 27. Oktober 1949.

289
Bücher haben ihre Schicksale. -
In: Nordwest-Zeitung vom 12. November 1949.
290
Historiker und Heimatforscher. Zum Gedächtnis des am 16. November 1869 in
Oldenburg geborenen Hermann Oncken. -
In: Nordwest-Zeitung vom 16./17. November 1949.

291
Mit der Kugel geschrieben. -
In: Nordwest-Zeitung vom 19. November 1949.

292
Die Geschichte von der "Irene". -
In: Nordwest-Zeitung vom 23. Dezember 1949.

293
In memoriam Baltus Powenz. Ein Gedenktag aus dem Reich des
Unvergänglichen. -
In: Wesermarsch-Zeitung. 1(1949), Nr. 63 vom 30. Dezember 1949.

294
Kalenderblätter. -
In: Nordwest-Zeitung vom 31. Dezember 1949.

295
Das Lebenswerk Alfred Kubins. Eine Sammlung in Hamburg. -
In: Die Welt vom 31. Dezember 1949, Nr. 232.

296
Das äussere Bild des Buches. -
In: Bücherfreund. 1(1950), Nr. 6, S. 10.

297
Alte Handwerksberufe unserer Heimat. -
In: Leuchtfeuer. Nordwestdeutsche Heimathefte für Schule und Haus. Ausgabe A.
2(1950), S. 123-124.

298
An der Heerstrasse zwischen Bremen und Leer. -
In: Leuchtfeuer. Nordwestdeutsche Heimathefte für Schule und Haus. Ausgabe A.
2(1950), S. 88-89.

299
Besuch auf Schloss Neuenburg. -
In: Leuchtfeuer. Nordwestdeutsche Heimathefte für Schule und Haus. Ausgabe A.
2(1950, S. 92-93.

300
Burgen und Schlösser als Zeugen der Geschichte. -
In: Leuchtfeuer. Nordwestdeutsche Heimathefte für Schule und Haus. Ausgabe A.
2(1950), S. 82.

96

Gottfried Benn

Statische Gedichte

Neue Arche Bücherei

301
Im Archiv. -
In: Leuchtfeuer. Nordwestdeutsche Heimathefte für Schule und Haus. Ausgabe A.
2(1950), S. 34-35.

302
König Heinrich I. und Herzog Heinrich der Löwe. -
In: Leuchtfeuer. Nordwestdeutsche Heimathefte für Schule und Haus. Ausgabe A.
2(1950), S. 35-36.

303
Der Weserzoll bei Elsfleth. -
In: Leuchtfeuer. Nordwestdeutsche Heimathefte für Schule und Haus. Ausgabe A.
2(1950), S. 73.

304
Der Pulverturm überdauerte Jahrhunderte. -
In: Nordwest-Zeitung vom 7. Januar 1950.

305
Kurt Tucholsky: unvergessen. Zu seinem Geburtstag am 9.1.1950. -
In: Nordwest-Zeitung vom 10. Januar 1950.

306
Paten an der Wiege der Bücher. Bibliotheken als Werkstätten der Autoren. -
In: Nordwest-Zeitung vom 14. März 1950.

307
Veteranen der Zeit. Rund um das Auskunftsbüro der Strasse. -
In: Nordwest-Zeitung vom 14. März 1950.

308
Im Dienst der Wissenschaft. 250 Jahre Berliner Akademie der Wissenschaften. -
In: Die Welt vom 17. März 1950, Nr. 65.

309
250 Jahre Berliner Akademie der Wissenschaften. -
In: Nordwest-Zeitung vom 18. März 1950.

310
Wie Shakespeare durch Oldenburg reiste. -
In: Nordwest-Zeitung vom 13. April 1950.
Überarb. Wiederabdruck in:
Paul Raabe: Wie Shakespeare durch Oldenburg reiste.
Oldenburg 1986, S. 15-20, Abb.

311
Kleiner Fund unter alten Büchern. Eine nette Plauderei zur "Woche des Buches". -
In: Nordwest-Heimat vom 4. Mai 1950. - (Beilage zu Nr. 102 der Nordwest-Zeitung.)
Überarb. Wiederabdruck u. d. T.:
Ein oldenburgisch englisches Wörterbuch. -
In: Paul Raabe: Wie Schakespeare durch Oldenburg reiste.
Oldenburg 1986, S. 45-48, Abb.

312
Schlüssel der Bücher. Ein bescheidenes Lob auf einen bescheidenen Wegweiser. -
In: Nordwest-Zeitung vom 11. Mai 1950.

313
Alte Städtebilder der Heimat. Anlässlich des 300. Todestages von Matthäus Merian. -
In: Nordwest-Heimat vom 23. Juni 1950. - (Beilage zu Nr. 143 der Nordwest-Zeitung.)
Überarb. Wiederabdruck u. d. T.:
Merian - alte Städtebilder aus dem Oldenburgischen. -
In: Paul Raabe: Wie Shakespeare durch Oldenburg reiste.
Oldenburg 1986, S. 75-81, Abb.

314
Was H. C. Andersen in Oldenburg erlebte. Zum 75. Todestag des Märchendichters am 4. August. -
In: Nordwest-Heimat vom 3. August 1950. - (Beilage zu Nr. 170 der Nordwest-Zeitung.)
Überarb. Wiederabdruck u. d. T.:
Was Hans Christian Andersen in Oldenburg erlebte. -
In: Paul Raabe: Wie Shakespeare durch Oldenburg reiste.
Oldenburg 1986, S. 298-306, Abb.

315
Aufstand der Massen. Vom Wiederaufbau der Landesbibliotek. -
In: Nordwest-Zeitung vom 15. August 1950.

316
Forscher im Wunderland des Orients. Erno Littmann zum 75. Geburtstag am 16. September. -
In: Nordwest-Heimat vom 14. September 1950. - (Beilage zu Nr. 214 der Nordwest-Zeitung.)
317
Lange Abende? Greif zum Buch! Der Lesesaal lädt ein. -
In: Nordwest-Zeitung vom 2. Oktober 1950.

318
Aus Strackerjans Bänkelliedersammlung. Vor hundert Jahren - in hundert Jahren. -

In: Nordwest-Heimat Nr. 49 vom 5. Oktober 1950. - (Beilage zu Nr. 232 der
Nordwest-Zeitung.)

319

Dichter, Hofrat und Rebell. Zum 100. Todestag von Ludwig Starklof am
11. Oktober. -
In: Nordwest-Heimat vom 12. Oktober 1950. - (Beilage zu Nr. 238 der Nordwest-
Zeitung.)
Überarb. Wiederabdruck u. d. T.:
Dichter Hofrat und Rebell - Ludwig Starklof. -
In: Paul Raabe: Wie Shakespeare durch Oldenburg reiste.
Oldenburg 1986, S. 280-286, Abb.

320

Ludwig Strackerjan - Sammler und Forscher. Zur 125. Wiederkehr seines
Geburtstages am 20. August. -
In: Nordwest-Zeitung vom 17. Oktober 1950.

321

Papierschnitzel-Literatur. -
In: Nordwest-Zeitung vom 17. Oktober 1950.

322

Blaurot in zwei kleinen Residenzen. -
In: Nordwest-Heimat vom 30. Oktober 1950.- (Beilage zu Nr. 253 der Nordwest-
Zeitung.)

323

Der blaue Engel. Eine Oldenburgische Parallele. -
In: Nordwest-Heimat vom 20. November 1950. - (Beilage zur Nr. 271 der Nordwest-
Zeitung.)

324

Das Wort am Anfang. Ein Kapitel über Buchanfänge. -
In: Nordwest-Zeitung vom 4. Dezember 1950.

325

Heimatliche Hauslektüre. "Auf den oldenburgischen Horizont berechnet". -
In: Nordwest-Heimat vom 11. Dezember 1950. - (Beilage zu Nr. 288 der Nordwest-
Zeitung.)
Überarb. Wiederabdruck u. d. T.:
Kalender, eine heimatliche Hauslektüre. -
In: Paul Raabe: Wie Shakespeare durch Oldenburg reiste.
Oldenburg 1986, S. 38-44, Abb.

326

"Verfemte Heimat": Wildeshausen. -
In: Nordwest-Zeitung vom 23. Dezember 1950.

327
Vor 200 Jahren: Moderne Literatur im alten Oldenburg. -
In: Nordwest-Heimat vom 29. Dezember 1950. - (Beilage zu Nr. 302 der Nordwest-Zeitung.)

328
Neujahrsgrüsse. -
In: Nordwest-Zeitung vom 30./31. Dezember 1950.

329
Der "Odüsseus von Eutin". Zum 200. Geburtstag von Johann Heinrich Voß am 20. Februar. -
In: Nordwest-Zeitung vom 16. Februar 1951.

330
"Verfemte Heimat": Wildeshausen. -
In: Nordwest-Zeitung vom 22. Februar 1951.

331
Der März. Figurinen um einen Kalendermonat. -
In: Nordwest-Zeitung vom 3. März 1951.

332
Sankt Hieronymus in der Bibliothek. -
In: Nordwest-Zeitung vom 16. März 1951.

333
Vom Erstaunen. Eine Betrachtung. -
In: Nordwest-Zeitung vom 14. April 1951.

334
Oldenburg und die weite Welt. -
In: Nordwest-Zeitung vom 20. April 1951.

335
Vor dem Denkmal Johann Friedrich Herbarts. -
In: Nordwest-Zeitung vom 10. Mai 1951.

336
Phantasien in Blau. -
In: Nordwest-Zeitung vom 3. Juni 1951.

337
Der verblühte Rosengarten. -
In: Nordwest-Zeitung vom 31. Juli 1951.
Überarb. Wiederabdruck in:
Paul Raabe: Wie Shakespeare durch Oldenburg reiste.
Oldenburg 1986, S. 89-92, Abb.

338
Das A - Bild eines Buchstaben. -
In: Nordwest-Zeitung vom 10. August 1951.

339
Neue Schätze der Landesbibliothek. Ganze Bücherberge eingetroffen - Seltenes
heimatliches Schrifttum darunter. -
In: Nordwest-Zeitung vom 23. August 1951.

340
Oldenburger Adressbücher. Ein Beitrag zur heimatlichen Bücherkunde. -
In: Nordwest-Heimat vom 25. August 1951. - (Beilage zu Nr. 198 der Nordwest-
Zeitung.)
Überarb. Wiederabdruck in:
Paul Raabe: Wie Shakespeare durch Oldenburg reiste.
Oldenburg 1986, S. 49-56.

341
Oldenburg und ein bisschen Sehnsucht. 1842 vom Dichter des Oldenburger
Heimatliedes an seine Freunde geschriebener Brief. -
In: Nordwest-Zeitung vom 6. September 1951.

342
Kastanien. -
In: Nordwest-Zeitung vom 25. September 1951.

343
Lotto: der Toto von vorgestern. Der Oldenburger Poet Theodor von Kobbe war
wohl der erste Toto-Ethiker. -
In: Nordwest-Zeitung vom 1. Oktober 1951.

344
Aus dem Oldenburger Bücherlande. Zur "Woche des Buches". -
In: Nordwest-Heimat vom 19. Oktober 1951. - (Beilage zu Nr. 245 der Nordwest-
Zeitung.)
Überarb. Wiederabdruck u. d. T.:
Oldenburgensien - Bücher aus Oldenburg. -
In: Paul Raabe: Wie Shakespeare durch Oldenburg reiste.
Oldenburg 1986, S. 23-37, Abb.

345
Herbstzeit in der Landesbibliothek. Jetzt beginnt sich der Lesesaal zu füllen -
zur Unterhaltung und Studium. -
In: Nordwest-Zeitung vom 26. Oktober 1951.

346
**"Vom Himmel hoch... " Wissenswertes aus oldenburgischen
Gesangsbüchern heute und einst.** -
In: Nordwest-Heimat vom 22. Dezember 1951. - (Beilage zu Nr. 299 der Nordwest-
Zeitung.)

347
Fernseh-Buchgespräch. -
In: Nordwest-Zeitung vom 9. Januar 1952.

348
Oldenburg und die Heidelberger Romantik. Wie Wilhelm Grimm das
Oldenburger Wunderhorn zeichnete. -
In: Nordwest-Zeitung vom 19. Januar 1952.
Überarb. Wiederabdruck u. d. T.:
Die Romantiker und das Oldenburger Horn. -
In: Paul Raabe: Wie Shakespeare durch Oldenburg reiste.
Oldenburg 1986, S. 220-225, Abb.

349
Romantik, Herz und Heimat. Zum 175. Geburtstag von Friedrich de La Motte
Fouqué am 12. Februar 1952. -
In: Nordwest-Heimat vom 16. Februar 1952. - (Beilage zu Nr. 39 der Nordwest-
Zeitung.)
Überarb. Wiederabdruck u. d. T.:
Fouqué, Halem und Eutin. -
In: Paul Raabe: Wie Shakespeare durch Oldenburg reiste.
Oldenburg 1986, S. 246-254, Abb.

350
Der vergessene Dichter. Zum 200. Geburtstag von Gerhard Anton von Halem am
2. März 1952. -
In: Nordwest-Heimat vom 1. März 1952. - (Beilage zur Nr. 51 der Nordwest-
Zeitung.)
Überarb. Wiederabdruck u. d. T.:
Der vergessene Dichter - Gerhard Anton von Halem. -
In: Paul Raabe: Wie Shakespeare durch Oldenburg reiste.
Oldenburg 1986, S. 135-141, Abb.

351
Oldenburger Helgoländer. Einige kulturgeschichtliche Vergessenheiten, neu
belebt. -
In: Nordwest-Heimat vom 1. April 1952. - (Beilage zu Nr. 77 der Nordwest-Zeitung.)

Überarb. Wiederabdruck u. d. T.:
Oldenburger Helgolandfahrer. -
In: Paul Raabe: Wie Shakespeare durch Oldenburg reiste.
Oldenburg 1986, S. 292-297, Abb.

352
Spuk im Skizzenbuch. Alfred Kubin wird am Sonntag 75 Jahre alt. -
In: Welt am Sonntag vom 6. April 1952, Nr. 14.

353
Matthias Claudius und Oldenburg. Oder: Wie Oldenburg kein Wandsbeck
wurde. -
In: Nordwest-Heimat vom 13. Mai 1952. - (Beilage zu Nr. 110 der Nordwest-
Zeitung.)
Überarb. Wiederabdruck u. d. T.:
Weshalb Oldenburg kein Wandsbeck wurde. -
In: Paul Raabe: Wie Shakespeare durch Oldenburg reiste.
Oldenburg 1986, S. 122-128, Abb.

354
Vom Brockhaus und seinen Verwandten. Eine kulturgeschichtliche Plauderei
über das Lexikon. -
In: Nordwest-Zeitung vom 12. November 1952.

355
Gelehrter, Rat und Richter. Zum 300. Todestag von Johannes Gryphiander am
15. Dezember. -
In: Nordwest-Heimat vom 6. Dezember 1952. - (Beilage zu Nr. 283 der Nordwest-
Zeitung.)
Überarb. Wiederabdruck u. d. T.:
Gelehrter, Rat und Richter - Johann Gryphiander. -
In: Paul Raabe: Wie Shakespeare durch Oldenburg reiste.
Oldenburg 1986, S.67-74, Abb.

356
Dichter sammeln ihre Werke. Repräsentative Ausgaben in deutschen Verlagen.
Eine Übersicht. -
In: Nordwest-Zeitung vom 18. Dezember 1952.

357
Ein Volk durch Freiheit beglückt. Eine vergessene Schilderung über das
Oldenburg von 1802. -"Nie sah ich Schöneres... ". -
In: Nordwest-Heimat vom 22. Dezember 1952. - (Beilage zu Nr. 294 der Nordwest-
Zeitung.)
Überarb. Wiederabdruck u. d. T.:
Ein Lob auf Oldenburg und seinen Herzog. -
In: Paul Raabe: Wie Shakespeare durch Oldenburg reiste.
Oldenburg 1986, S. 193-197, Abb.

358

Herausgeber und ihre Werke. Zu alten und neuen Dichterausgaben. -
In: Nordwest-Zeitung vom 6. Januar 1953.

359

Katakomben der Kultur. Zeitschriften zwischen heute und gestern. -
In: Nordwest-Zeitung vom 14. Januar 1953.

360

Oldenburg und die Wissenschaften. Eine kulturgeschichtliche Betrachtung. -
In: Nordwest-Heimat vom 17. Januar 1953. - (Beilage zu Nr. 14 der Nordwest-
Zeitung.)
Überarb. Wiederabdruck u. d. T.:
Oldenburg und die Wissenschaften. -
In: Paul Raabe: Wie Shakespeare durch Oldenburg reiste.
Oldenburg 1986, S. 57-63, Abb.

361

Das grosse Bekenntnis zum Geist. Zum 75. Geburtstag des Dichters Rudolf
Alexander Schröder am 16. Januar 1953. -
In: Nordwest-Zeitung vom 26. Januar 1953.

362

Nach Oldenburg verbannt. Das Schicksal Georg Christian Oeders - zu seinem
225. Geburtstag am 3. Februar. -
In: Nordwest-Heimat vom 3. Februar 1953. - (Beilage zu Nr. 28 der Nordwest-
Zeitung.)
Überarb. Wiederabdruck u. d. T.:
Nach Oldenburg verbannt - Georg Christian Oeder. -
In: Paul Raabe: Wie Shakespeare nach Oldenburg reiste.
Oldenburg 1986, S. 129-134, Abb.

363

Problem Zeitgeschichte. Eine Übersicht über die Lage der Forschung in
Deutschland. -
In: Nordwest-Zeitung vom 12. Februar 1953.

364

"Über eitel Heiden und Sand". Eine Reise durch das Münsterland 1632 -
Unbekannte Ansichten von Cloppenburg, Freisoythe, Barßel. -
In: Nordwest-Heimat vom 17. Februar 1953. - (Beilage zu Nr. 40 der Nordwest-
Zeitung.)

365

Der Dichter in den Osenbergen. Ein Erinnerungsblatt zu Ludwig Gleims 150.
Todestag am 18. Februar. -
In: Nordwest-Zeitung vom 18. Februar 1953.

Überarb. Wiederabdruck u. d. T.:
Ludwig Gleim - ein Dichter in den Osenbergen. -
In: Paul Raabe: Wie Shakespeare durch Oldenburg reiste.
Oldenburg 1986, S. 165-168, Abb.

366
Ein Beispiel des Wohlstandes. Das Handwerk hatte einst goldenen Boden -
Lebensschicksal eines Rastedter Nagelschmiedes. -
In: Nordwest-Heimat vom 28. Februar 1953. - (Beilage zu Nr. 50 der Nordwest-
Zeitung.)
Überarb. Wiederabdruck u. d. T.:
Der Nagelschmied J. H. Klucklum und seine Frau in Rastede. -
In: Paul Raabe: Wie Shakespeare durch Oldenburg reiste.
Oldenburg 1986, S. 115-121, Abb.

367
"Komm, goldene Zeit... ". zum 150. Todestag des Dichters Friedrich Gottlieb
Klopstock am 14. März 1953. -
In: Nordwest-Zeitung vom 14. März 1953.
Überarb. Wiederabdruck u. d. T.:
Klopstock-Verehrung in Odenburg. -
In: Paul Raabe: Wie Shakespeare durch Oldenburg reiste.
Oldenburg 1986, S. 115-121, Abb.

368
Oldenburger Erinnerungen an Friedrich Gottlieb Klopstock. Zu seinem
150. Todestag am 14. März. -
In: Nordwest-Heimat vom 14. März 1953. - (Beilage zu Nr. 62 der Nordwest-
Zeitung.)

369
Professor Hans Freese zum Gedenken. -
In: Nordwest-Heimat vom 14. März 1953. - (Beilage zu Nr. 62 der Nordwest-
Zeitung.)

370
Entsagungsreicher Beruf! Volksschulleben Anno 1700. Nach alten
Verordnungen erzählt. -
In: Nordwest-Heimat vom 4. April 1953. - (Beilage zu Nr. 79 der Nordwest-Zeitung.)

371
Grosse Künstler - grosse Briefschreiber. Über den Umgang mit berühmten
Briefen. -
In: Nordwest-Zeitung vom 22. April 1953.

372
Der Aufbruch des Dichters. Zu Ludwig Tiecks 100. Todestag am 28. April 1953.
In: Nordwest-Zeitung vom 28. April 1953.

Paul Raabe

BÜCHERLUST UND LESEFREUDEN

Beiträge zur Geschichte
des Buchwesens in Deutschland

J.B. Metzler

373
Frühlingslust im Ammergau von einst. Oldenburger Maitage vor 300 Jahren. -
"Da wollt' ich nicht der Letzte sein... ", sagte Winkelmann. -
In: Nordwest-Heimat vom 5. Mai 1953.
Überarb. Wiederabdr. u. d. T.:
Frühlingslust im Ammergau. -
In: Paul Raabe: Wie Shakespeare durch Oldenburg reiste.
Oldenburg 1986, S. 82-88, Abb.

374
Kubinische Literaturgeschichte. Ein Kapitel aus dem Werke Alfred Kubins. -
In: Nordwest-Zeitung vom 12. Mai 1953.

375
Fritz Strahlmann und Wildeshausen. Bemerkungen zu dem neuesten Buche
"Wittekinds Heimat". -
In: Nordwest-Heimat vom 14./15. Mai 1953. - (Beilage zu Nr. 111 der Nordwest-
Zeitung.)

376
Mein Dichter. - [Ernst Kreuder]
In: Nordwest-Zeitung vom 10. Juni 1953.

377
Zwischen "Oelsflöt" und Oldenburg. Eine Sommerreise aus dem 18.
Jahrhundert. Wie einst ein "Globetrotter" die Wesermarsch beurteilte. -
In: Nordwest-Heimat Nr. 11 vom 17. Juni 1953, S. 4. - (Beilage zu Nr. 138 der
Nordwest-Zeitung.)
Überarb. Wiederabdruck:
In: Zwischen Oelsflöt und Oldenburg.
Paul Raabe: Wie Shakespeare durch Oldenburg reiste.
Oldenburg 1986, S. 181-184, Abb.

378
"Der grösste Sprachkünstler deutscher Zunge". Thomas Mann las in
Hamburg erstmals nach dem Krieg aus eigenen Werken. -
In: Nordwest-Zeitung vom 11. Juni 1953.

379
"Krank ist die Zeit... ". Das Trauerspiel des Dichters. Zum 150. Geburtstag von
Julius Mosen. -
In: Nordwest-Heimat vom 14. Juli 1953. - (Beilage zu Nr. 161 der Nordwest-
Zeitung.)
Überarb. Wiederabdruck u. d. T.:
"Krank ist die Zeit." Julius Mosen in Oldenburg. -
In: Paul Raabe: Wie Shakespeare durch Oldenburg reiste.
Oldenburg 1986, S. 321-328, Abb.

380
"Hinaus in die Ferne... ". Oldenburger mit der Postkutsche durch die Welt. -
In: 1. Nordwest-Zeitung vom 24. Juli 1953. - 2. In: Nordwest-Zeitung vom 25. Juli
1953. - 3. In: Nordwest-Zeitung vom 29. Juli 1953. - 4. In: Nordwest-Zeitung... 1953.
Überarb. Wiederabdruck u. d. T.:
Oldenburger auf Reisen. -
In: Paul Raabe: Wie Shakespeare durch Oldenburg reiste.
Oldenburg 1986, S. 307-320, Abb.

381
Clemens Lamping - Geschichte eines Heimkehrers. Die grössten Abenteuer
konnten Heimweh und Liebe zur engen Heimat nicht erschüttern. -
In: Nordwest-Heimat vom 3. November 1953. - (Beilage zu Nr. 257 der Nordwest-
Zeitung.)
Überarb. Wiederabdruck u. d. T.:
Die Heimkehr des Fremdenlegionärs Clemens Lamping. -
In: Paul Raabe: Wie Shakespeare durch Oldenburg reiste.
Oldenburg 1986, S. 287-291, Abb.

382
"Am Fuße Höchst Dero glorreichen Throns... ". Kuriose Widmungen für
Fürsten von einst - Oldenburgs Beziehungen zu fernen Ländern. -
In: Nordwest-Heimat vom 26. Januar 1954. - (Beilage zu Nr. 21 der Nordwest-
Zeitung.)
Überarb. Wiederabdruck u. d. T.:
Fürstenverehrung am Ende des alten Reiches. -
In: Paul Raabe: Wie Shakespeare durch Oldenburg reiste.
Oldenburg 1986, S. 198-202, Abb.

383
Prinz Oldenburg "Seltener großer Mann". Aus dem Leben eines Oldenburger
Fürsten in Rußland. -
In: Nordwest-Heimat vom 16. März 1954. - (Beilage zu Nr. 63 der Nordwest-
Zeitung.)
Überarb. Wiederabdruck u. d. T.:
"Prinz Oldenburg" in Russland. -
In: Paul Raabe: Wie Shakespeare durch Oldenburg reiste.
Oldenburg 1986, S. 233-238, Abb.

384
Unter dem Dom der sieben Eichen. Zum 100. Todestag des Kammerherrn
Alexander von Rennenkampff am 9. April. -
In: Nordwest-Heimat vom 5. Mai 1954. - (Beilage zu Nr. 103 der Nordwest-Zeitung.)
Überarb. Wiederabdruck u.d.T.:
Unter dem Dom der sieben Eichen - Alexander von Rennenkampff. -
In: Paul Raabe: Wie Shakespeare durch Oldenburg reiste.
Oldenburg 1986, S. 257-268, Abb.
385
Literarische Kostproben. Vom Werte der Anthologien. Eine Betrachtung. -
In: Nordwest-Zeitung vom 4. Juni 1954.

386
Oldenburgische Waldromantik von einst. Aus dem Leben des herzoglichen
Forstmeisters Heino Ernst von Heimburg. -
In: Nordwest-Heimat vom 14. Juli 1954. - (Beilage zu Nr. 160 der Nordwest-
Zeitung.)
Überarb. Wiederabdruck u. d. T.:
Ein dichtender Forstmeister - Ernst von Heimburg. -
In: Paul Raabe: Wie Shakespeare durch Oldenburg reiste.
Oldenburg 1986, S. 226-232, Abb.

387
Melchior Hemken - Kaufmann und Musenfreund. Einige vorläufige
Nachrichten über einen oldenburgischen Dichter der Goethezeit. -
In: Nordwest-Heimat vom 8. Januar 1955.
Überarb. Wiederabdruck u. d. T.:
Melchior Hemken - ein anonymer Dichter in Bockhorn. -
In: Paul Raabe: Wie Shakespeare durch Oldenburg reiste.
Oldenburg 1986, S. 185-192, Abb.

388
Dank an den Dichter Ernst Penzoldt. Ein Brief zum Tode des bekannten
deutschen Erzählers (28. Januar 1955). -
In: Nordwest-Zeitung vom 2. Februar 1955.

389
Freund der Großen. Gedenkblatt zum 200. Geburtstag des Musikers Andreas
Streicher. -
In: Stuttgarter Zeitung vom 12. Dez. 1961, Nr. 286, S. 9.

390
Alfred Kubin in der Kestner-Gesellschaft. -
In: Hannoversche Allgemeine Zeitung vom 27. Nov. 1964.

3. Beiträge in Büchern, Festschriften, Zeitschriften etc.
3.1 Deutsche Literatur- und Kulturgeschichte

391
Weitere ungedruckte Goethe-Briefe. -
In: Goethe. N. F. des Jahrbuchs der Goethe-Gesellschaft. 21(1950), S. 255-272.

392
Der Bibliograph der Goethezeit. Zum 125. Todestag von Johann Samuel Ersch
am 16. 1. -
In: Börsenblatt für den Deutschen Buchhandel. 9(1953), Nr. 4, S. 17.

393
Oldenburger Balladen vom Wunderhorn. Eine Anmerkung zur Geschichte der
Romantik. -
In: Archiv für Niedersachsen. 6(1953), H. 7/9, S. 386-392.
Überarbeiteter Wiederabdruck in:
Paul Raabe: Wie Shakespeare durch Oldenburg reiste.
Oldenburg 1986, S. 201-219, Abb.

394
Theodor von Kobbe und Johann Wolfgang von Goethe. -
In: Oldenburger Balkenschild. Kleine Hefte zur Volks- und Heimatkunde. 1953,
Nr. 6/7, S. 1-6.
Überarbeiteter Wiederabdruck u. d. T.:
Theodor von Kobbe und Goethe. -
In: Paul Raabe: Wie Shakespeare durch Oldenburg reiste.
Oldenburg 1986, S. 269-279, Abb.

395
Ein Beitrag Goethes zur Weltliteratur. Zur Entstehungsgeschichte von
Carlyles Schiller-Biographie. Mit 6 unveröffentlichten Briefen an Goethe. -
In: Imprimatur. 12(1954/55), S. 181-187.
Wiederabdruck u. d. T.:
Goethe und Carlyles Schiller-Biographie. -
In: Paul Raabe: Bücherlust und Lesefreuden.
Stuttgart 1984, S. 257-266.

396
Interpretationen einer Zeichenfeder. Neues aus Alfred Kubins Werkstatt.
In: Imprimatur. 12(1954/55), S. 135-144.

397
Der junge Karl Ludwig Woltmann. -
In: Oldenburger Jahrbuch. 54(1954), T. 1, S. 7-82.
Wiederabdruck einer gekürzten Fassung der Einleitung und des 1. Kaptels u. d. T.:

Woltmanns Oldenburger Jugendjahre. -
In: Paul Raabe: Wie Shakespeare durch Oldenburg reiste.
Oldenburg 1986, S. 154-164, Abb.

398
Zur Bibliographie der Goethezeit. -
In: Euphorion. 48(1954), S. 216-219.

399
Gerhard Anton von Halem und Friedrich Schiller. Anmerkung zur
Literaturgeschichte der Goethezeit. -
In: Oldenburger Balkenschild. Kleine Hefte zur Volks- und Heimatkunde. 1955,
Nr. 9, S. 1-6.
Überarbeiteter Wiederabdruck in:
Paul Raabe: Wie Shakespeare durch Oldenburg reiste.
Oldenburg 1986, S. 204-219, Abb.

400
Goethes Umschlag zu "Kunst und Alterthum". Mit einem ungedruckten
Brief und einer Skizze Goethes. -
In: Festgruss für Hans Pyritz zum 15. 9. 1955.
Heidelberg: Winter 1955, S. 37-41.
Wiederabdruck in:
Paul Raabe: Bücherlust und Lesefreuden.
Stuttgart 1984, S. 251-256.

401
Goethes Förderung wissenschaftlicher Arbeit. Ein Splitter aus seiner
Korrespondenz. -
In: Imprimatur. N. F. 1(1956/57), S. 174-176.

402
Zum Suffix-ler in der Gegenwartssprache. -
In: Beiträge zur Geschichte der deutschen Sprache und Literatur. 78(1956), S. 45-56.

403
Zwölf Goethe-Briefe ausserhalb der Weimarer Ausgabe. (Mit einigen
kritischen Bemerkungen über die Editionen der Briefnachträge zur Weimarer
Ausgabe.) -
In: Goethe. N. F. des Jahrbuchs der Goethe-Gesellschaft. 20(1958), S. 233-263.

404
Leberecht Blücher Dreves. -
In: Neue Deutsche Biographie. 4(1959), S. 116.

405
Das Protokollbuch der Gesellschaft der Freien Männer in Jena 1794-1799. -
In: Festgabe für Eduard Berend zum 75. Geburtstag.
Weimar: Böhlau 1959, S. 336-383.

406
Schiller. Leben - Werk - Wirkung. Ausstellung im Schiller-Nationalmuseum. -
In: Schweizer Monatshefte. 39(1959/60), S. 1140-1142.

407
Der Expressionismus in Erinnerungen, Dokumenten und Notizen.
Vorbemerkung. -
In: Imprimatur. N. F. 3(1961/62), S. 178-180 m. Abb. im Text.

408
Die Zeitschriften des literarischen Expressionismus. 1910-1921. Eine
Bibliographie. -
In: Imprimatur. N. F. 3(1961/62), S. 126-177 m. Abb. im Text.

409
Schiller-Bibliographie. 1959-1961. Von Paul Raabe und Ingrid Bode. -
In: Jahrbuch der Deutschen Schiller-Gesellschaft. 6(1962), S. 465-553.

410
Die Bibliothek des Deutschen Literaturarchivs in Marbach a. N. -
In: Zeitschrift für Bibliothekswesen und Bibliographie. 10(1963), S. 213-222.

411
**"Morgenrot! - Die Tage dämmern!" Zwanzig Briefe aus dem
Frühexpressionismus 1910-1914. -**
In: Der Monat. 16(1963/64), H. 191, S. 52-70.

412
Die Revolte der Dichter. Die frühen Jahre des literarischen Expressionismus.
1910-1914. -
In: Der Monat. 16(1963/64), H. 191, S. 86-93.

413
Alfred Kubin und die Tradition. -
In: Vom Nützlichen durchs Wahre zum Schönen. Festschrift für Erich Madsack.
Hannover: Madsack 1964, S. 71-86.

414
Editoren-Kolloquium in Marbach a. Neckar. -
In: Mitteilungen der Deutschen Forschungsgemeinschaft. 1964, Nr. 2, S. 16-17.

415
Expressionismus. Eine Literaturübersicht. -
In: Der Deutschunterricht. 16(1964), H. 2, S. 1-32.

416
Brief-Memoiren.-.
In: Das Fischer-Lexikon. Literatur. Band 2, Teil 1.
Frankfurt a. M.: S. Fischer 1965, S. 100-115.

417
Der Expressionismus als historisches Phänomen. -
In: Der Deutschunterricht. 17(1965), H. 5, S. 5-20.
(Vortrag gehalten auf der Comburg b. Schwäbisch-Hall, Juli 1964.)

418
Franz Kafka und Franz Blei. Samt einer wiederentdeckten Buchbesprechung
Kafkas. -
In: Kafka-Symposium.
Berlin: Wagenbach 1965, S. 7-16.

419
Die Bücher des späten Expressionismus 1918-1922. Versuch einer
Bibliographie. -
In: Paul Raabe: Der Ausgang des Expressionismus.
Biberach a. d. R. 1966, 10 Bl.

420
Das Ende des Expressionismus. Vortrag im Rahmen der Veranstaltungsreihe
"Wege und Gestalten", gehalten am 24. November 1966 in Biberach. -
In: Paul Raabe: Der Ausgang des Expressionismus.
Biberach a. d. R. 1966, 7 Bl.

421
Ferdinand Wilhelm Emil Hardekopf (Ps. *Stefan Wronski*), Dichter und
Übersetzer, * 15. 12. 1876 Varel (Oldenburg), + 24. 3. 1954 Zürich. -
In: Neue Deutsche Biographie. 7(1966), Sp. 646-647.

422
Der frühe Benn und die Veröffentlichungen seiner Werke. Anhand einiger
verstreuter Briefe des Dichters 1913-1921. -
In: Gottfried Benn: Den Traum alleine tragen.
Wiesbaden: Limes 1966, S. 11-38.

423
Giselheer und der Prinz von Theben. -
In: Süddeutsche Zeitung vom 9.-11. April 1966.

PAUL RAABE

DIE AUTOREN UND BÜCHER DES LITERARISCHEN EXPRESSIONISMUS

EIN BIBLIOGRAPHISCHES HANDBUCH

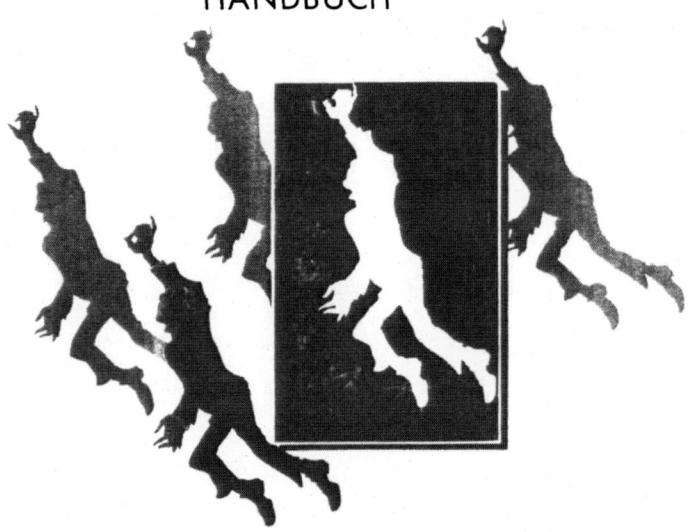

J.B. METZLER

424
Gottfried Benns Huldigungen an Else Lasker-Schüler. Unbekannte
Dokumente des Dichters 1931-1932. -
In: Gottfried Benn: Den Traum alleine tragen.
Wiesbaden: Limes 1966, S. 61-79.

425
Victor Hadwiger, Dichter. * 6. 12. 1878 Prag. + 4. 10. 1911 Berlin-Charlottenburg.
In: Neue Deutsche Biographie. 7(1966), Sp. 419-420.

426
Franz Kafka und der Expressionismus.
(Vortrag gehalten im Kafka-Colloquium in Berlin am 17. 2. 1966.)
In: Zeitschrift für deutsche Philologie. 86(1967), S. 16-175.
Als Sonderdruck: Biberach a. d. R.: Wege und Gestalten. 1966. 16 S.

427
Die frühen Werke Max Brods. -
In: Literatur und Kritik.
Salzburg. 2(1967), S. 39-49.
Wiederabdruck in:
Max Brod. Ein Gedenkbuch.
Tel Aviv 1969, S. 137-152.

428
Der junge Max Brod und der Indifferentismus. -
In: Weltfreunde. Konferenz über Prager deutche Literatur. Hrsg. von Eduard
Goldstücker.
Prag, Berlin 1967. S. 253-269.

429
Lorbeerkranz und Denkmal. Wandlungen der Dichterhuldigungen in
Deutschland. -
In: Festschrift für Klaus Ziegler. Hrsg. von Ekkehard Catholy und Winfried
Hellmann.
Tübingen: Niemeyer (1968), S. 411-426.

430
Dichterverherrlichungen im 19. Jahrhundert. -
In: Bildende Kunst und Literatur. Beiträge zum Problem der Wechselbeziehungen im
19. Jahrhundert. Hrsg. von Wolfgang Rasch.
Frankfurt a. M.: Klostermann 1970, S. 79-97; 98-101; Abb. XLI-XLV.

431
Kasimir Edschmid. Weite Welt und breites Leben. -
In: Darmstädter Schriften. 28(1971), S. 20-47.

432
Knigges komischer Roman "Die Reise nach Braunschweig". -
In: Unser Harz. 20(1972), Nr. 5, S. 91-94.

433
Der Internationale Arbeitskreis für deutsche Barockliteratur. -
In: Dokumente des Internationalen Arbeitskreises für deutsche Barockliteratur.
Bd. 1(1973), S. 2.

434
Die Götter der Gegenwart. Antike Dichtung im modernen Malerbuch. -
In: Westermanns Monatshefte. 1974, H. 11, S. 28-39, 170.

435
"Der Nachwelt Nachwelt wird ihn erkennen... ". Adolf von Knigge: der
Freiherr und das Missverständnis. -
In: Westermanns Monatshefte. 1974, H. 8, S. 90-96.

436
On the rediscovery of Expresssionism as a European movement. -
In: Michigan German Studies. Ann Arbor. 2(1976), S. 196-210.

437
Aus dem Hofjunker wurde ein Hofkritiker. Adolph Freiherr Knigge war mehr
als ein Mann der Anstand prägte. -
In: Der siebente Tag. Wochenbeilage der Hannoverschen Allgemeinen Zeitung vom
8./9. Oktober 1977.

438
Lessing und die Gelehrsamkeit. Bemerkungen zu einem Forschungsthema. -
In: Lessing in heutiger Sicht.
Bremen und Wolfenbüttel: Jacobi-Verl. 1977, S. 65-88.
Wiederabdruck u. d. T.:
Lessing und die Büchergelehrsamkeit. -
In: Paul Raabe: Bücherlust und Lesefreuden.
Stuttgart 1984, S. 209-223.

439
**Erduin Julius Kochs Pläne zur Erforschung der deutschen Sprache und
Literatur.** Ein Hinweis auf die Frühgeschichte der Germanistik. -
In: Studien zur deutschen Literatur. Festschrift für Adolf Beck zum 70. Geburtstag.
Heidelberg 1979, S. 142-157.

440
Rede anlässlich des 250. Geburtstages von Gotthold Ephraim Lessing
(gehalten am 19. Januar in der Herzog August Bibliothek.) -
In: Lessing 1729-1979. Wolfenbüttel 1979, S. 29-31.
(= Wolfenbütteler Hefte. H. 9.)

441
Lessings letztes Lebensjahrzehnt. Überlegungen zu einer Forschungsaufgabe. -
In: Humanität und Dialog. Lessing und Mendelssohn in neuer Sicht. Beiträge zum
Intern. Lessing-Mendelssohn-Symposium anlässl. des 250. Geburtstages von Lessing
und Mendelssohn veranstaltet im November 1979 in Los Angeles, Calif.
Detroit: Wayne State Univ. Press 1982, S. 103-120.
(= Beih. z. Lessing-Yearbook.)
Wiederabdruck in:
Lessing in Wolfenbüttel und Braunschweig. Hrsg. von Gerd Biegel.
Braunschweig: Braunschweigisches Landesmuseum 1997, S. 83-90.
(= Forschungen und Berichte des Braunschweigischen Landesmuseums. Bd. 4.)

442
Aufstand der Dinge. Byzantinische Aufzeichnungen. 1973. -
In: Erhart Kästner. Werkmanuskripte.
Wolfenbüttel 1984, S. 64-71.
(= Ausstellungskataloge der Herzog August Bibliothek. Nr. 43.)

443
Bemerkungen zu Lessings Reise nach Italien. -
In: Nouvelles de la république des lettres. 1984, 2, S. 109-115.

444
Einige philologische Anmerkungen zu Lessings italienischer Reise 1775. -
In: Nation und Gelehrtenrepublik. Lessing im europäischen Zusammenhang. Hrsg.
von Wilfried Barner und Albert M. Reh. Sonderband zum Lessing-Yearbook.
München 1984, S. 163-171.

445
Else Lasker-Schüler. -
In: Metzler Autoren-Lexikon.
Stuttgart: Metzler 1986, S. 401-403, 1 Abb.

446
Benn in der Provinz. -
In: studi germanici.
Roma. 23(1988), Nr. 67/68, S. 125-139.

447
Karl Goedeke und die Folgen. Zur bibliographischen Lage der deutschen
Literaturwissenschaft in der Bundesrepublik. -
In: Bibliographische Probleme im Zeichen eines erweiterten Literaturbegriffs.
2. Kolloquium zur bibliographischen Lage der germanistischen Literaturwissenschaft
veranstaltet von der Deutschen Forschungemeinschaft an der Herzog August
Bibliothek Wolfenbüttel. 12. bis 25. September 1985.
Weinheim 1988, S. 182-210.
(= Mitteilung der Kommission für Germanistische Forschung. 4.)

448
Lessing in Italien. L'Italia di Lessing. -
In: L'Istituto Italiano per gli Studi Filosofici e la Scuola di Studi Superiori in Napoli.
Napoli 1988, S. 66-67.
(= Rivista dell'Ammistrazione Provinciale. 10(1988), numero speciale. II.)

449
Buch und Zeitschrift im Expressionismus. -
In: DU. Zeitschrift für Kultur.
Zürich 1989, Nr. 7, S. 90-95.

450
Christian Thomasius in Wolfenbüttel. -
In: Christian Thomasius. 1655-1728. Interpretationen zu Werk und Wirkung. Mit
einer Bibliographie der neueren Thomasius-Literatur. Hrsg. von Werner Schneiders.
Hamburg: Meiner 1989, S. 59-71.
(= Studien zum achtzehnten Jahrhundert. Bd. 11.)

451
Goethes verstreute Briefe. Zur Vorbereitung der Herausgabe von Nachträgen zur
Weimarer Goethe-Ausgabe. -
In: Neue Zürcher Zeitung vom 14./15. 1. 1989, Nr. 11, S. 65.

452
The Library Resource for the study of German Expressionism. -
In: German Expressionist prints and drawings. The Robert Gore Rifkind Center for
German Expressionist Studies.
Los Angeles: County Museum of Art; München: Prestel 1989, vol. 1, S. 173-180.

453
Erinnerungen an Kurt Otte. -
In: Alfred Kubin. 1877-1959. Hrsg. von Annegret Hoberg.
München: edition spangenberg 1990, S. 389-396 m. Abb.

454
Die Nachträge zu den Briefen in der Weimarer Ausgabe. -
In: Jahrbuch der Akademie der Wissenschaften in Göttingen. 1990(1991), S. 141-150.

455
Ansprache des Preisträgers. -
In: Stiftung F.V.S. zu Hamburg. Verleihung des Joost-van Vondel-Preises 1991 an
Professor Dr. phil. Drs. h. c. Paul Raabe, Wolfenbüttel, und der Vondel-
Reisestipendien an . . . durch die Westfälische Wilhelms-Universität Münster am 15.
November 1991.
Hamburg 1991, S. 19-28.

456
Expressionismus und Barock. -
In: Europäische Barockrezeption. In Verb. mit Ferdinand van Ingen, Wilhelm
Kühlmann, Wolfgang Weiss hrsg. von Klaus Garber.
Wiesbaden: Harrassowitz 1991, S. 675-682.
(= Wolfenbütteler Arbeiten zur Barockforschung. Bd 20.)

457
**Friedrich Nicolais unbeschriebene Reise von der Schweiz nach
Norddeutschland im Jahr 1781.** -
In: Sehen und Beschreiben. Europäische Reisen im 18. und frühen 19. Jahrhundert.
Hrsg. von Wolfgang Griep.
Heide 1991, S. 197 ff.
(= Eutiner Forschungen. 1.)

458
Gottfried Benn und der Arche Verlag. Zur Druckgeschichte der "Statischen
Gedichte". -
In: Gottfried Benn: Statische Gedichte.
Hamburg, Zürich 1991, S. 83-125.

459
Lessing in Italien. -
In: Wolfenbütteler Bibliotheks-Informationen. 16(1991), S. 3-4.

460
I libri acquistati da Lessing in Italia. -
In: Da Vienna a Napoli in Carrozza. Il Viaggio di Lessing in Italia.
Napoli 1991, S. 523-527.
(= Ausstellungskataloge der Herzog August Bibliothek. Nr. 65.)

461
Columbus 1492-1992. Wirklichkeit und Legenden. Zur Jahresausstellung im
Zeughaus. 19. Februar 1989 bis 12. Oktober 1992. -
In: Neue Welt - Alte Welt. 500 Jahre Begegnung mit Amerika. 1492-1992.
Wolfenbüttel 1992, S. 2-7.

462
Der Kieler Impuls des Expressionismus. -
In: Kunstwende. Der Kieler Impuls des Expressionismus 1915-1922.
Neumünster: Karl Wachholtz 1992, S. 5-14 m. Abb.

463
Revision der Weimarer Goethe-Ausgabe. Zur Planung der Weimarer Goethe-
Edition. -
In: Das Achtzehnte Jahrhundert.
Wolfenbüttel. 16(1992), S. 97-99.

464
Der Schriftsteller Richard Blunck. -
In: Kunstwende. Der Kieler Impuls des Expressionismus 1915-1922.
Neumünster: Karl Wachholtz 1992, S. 33-38 m. Abb.

465
Giordano Bruno in Helmstedt. -
In: Klaniczay-Emlékkönyv. Tanulmányok Klaniczay Tibor Emlékezetére. -
Budapest: Balassi Kiadó 1994, S. 256-260.

466
Carl Friedrich Christian Hoeck. 1794 - 1877. -
In: Braunschweigisches Biographisches Lexikon 19. und 20. Jahrhundert. Im Auftrag
der Braunschweigischen Landschaft e. V. hrsg. von Horst-Rüdiger Jarck und Günter
Scheel.
Hannover: Hahnsche Verlagsbuchhandlung 1996, S. 279-280.

467
Carl Martin Christian Niedmann [später Karl Christian Friedrich Niedmann].
1805 - 1830. -
In: Braunschweigisches Biographisches Lexikon 19. und 20. Jahrhundert. Im Auftrag
der Braunschweigischen Landschaft e. V. hrsg. von Horst-Rüdiger Jarck und Günter
Scheel.
Hannover: Hahnsche Buchhandlung 1996, S. 441.

468
Adolph Freiherr Knigge oder Aufklärung in Deutschland. -
In: Adolph Freiherr Knigge. Neue Studien. Hrsg. von Harro Zimmermann. Unter
Mitarbeit von Walter Weber. -
Bremen: Edition Temmen 1998, S. 26-31.

469
Knigges Nachlass - von der "alten Kiste" zur neuen Ausgabe. Eine
persönliche Rechenschaft. -
In: Zwischen Weltklugheit und Moral. Der Aufklärer Adolph Freiherr Knigge.
Hrsg. von Martin Rector.
Göttingen: Wallstein 1999, S. 21-32.
(= Das Knigge Archiv. Schriftenreihe zur Knigge-Forschung. 2.)

470
Weltkind und Weimeraner. Zum 250. Geburtstag von Johann Wolfgang von
Goethe. Lebensreise auf Dichters Spuren. Nationale Vorbild-Figur oder "Zwischenfall
ohne Folgen"? Das Wirken des Multitalentes ist an vielen Orten gegenwärtig. -
In: Mitteldeutsche Zeitung vom 18. August 1999, S. 6.

471
Der Sturm - die Zeitschrift der Avantgarde. -
In: Der Sturm. Chagall, Feininger, Jawlensky, Kandinsky, Klee, Kokoschka, Macke,
Marc, Schwitters und viele andere in Berlin der zehner Jahre. Hrsg. von Barbara Als

und Wiebke Steinmetz. (Städt. Galerie Haus Coburg, Sammlung Stuckenberg.
18. Juni bis 6. September 2000).
Delmenhorst: Galerie Haus Coburg, Sammlung Stuckenberg 2000, S. 11-14 m. Abb.

472
Dank für den Max Herrmann-Preis. -
In: Mitteilungen. Staatsbibliothek Preussischer Kulturbesitz. N.F. 10(2001), S. 15-21.

473
Die Gesellschaft der Freien Männer. Ein Freundschaftsbund in Jena
1794-1799. -
In: Formen der Geselligkeit in Nordwestdeutschland 1750-1820. Hrsg. von Peter
Albrecht, Hans Erich Bödeker und Ernst Hinrichs. -
Tübingen 2001. [im Druck]
(= Wolfenbütteler Studien zur Aufklärung. Bd 27.)

474
Goethe und Bogatzky. Eine Marginalie. -
In: Goethe und der Pietismus. Hrsg. von Hans-Georg Kemper und Hans Schneider. -
Tübingen 2001, S.1-11.
(= Hallesche Forschungen. Bd 6.)

475
Die Weimarer Goethe-Ausgabe nach hundert Jahren. -
In: Goethe-Philologie im Jubiläumsjahr - Bilanz und Perspektiven. Hrsg. von Jochen
Golz.
Tübingen: Niemeyer 2001. [im Druck]
(= Beihefte zu editio. Bd 26.)

PAUL RAABE

Wie Shakespeare durch Oldenburg reiste

Skizzen und Bilder aus der oldenburgischen Kulturgeschichte

3.2 Buch- und Bibliothekswesen

476
Der Verleger Friedrich Wilmans. Ein Beitrag zur Literatur und
Verlegergeschichte der Goethezeit. -
In: Bremisches Jahrbuch. 45(1957), S. 79-162.
Wiederabdruck u. d. T.:
Friedrich Wilmans, ein Verleger der Aufklärung und Romantik. -
In: Paul Raabe: Bücherlust und Lesefreuden.
Stuttgart 1984, S. 165-207.

477
Schiller und die Typographie der Klassik. -
In: Imprimatur. N. F. 2(1958/60), S. 152-171 mit 9 Abb. auf 4 Taf. u.
8 S. Textbeilage.
Wiederabdruck in:
Paul Raabe: Bücherlust und Lesefreuden.
Stuttgart 1984, S. 224-238.

478
Hölderlins Bemühungen um den Druck seiner Werke. -
In: Geschichte der Hölderlin-Drucke. Ausstellungskatalog von Maria Kohler.
Tübingen 1961, S. 9-24.
Wiederabdruck in:
Paul Raabe: Bücherlust und Lesefreuden.
Stuttgart 1984, S. 239-250.

479
Die Bändigung der Bücher. Dokumentation in den Geisteswissenschaften. -
In: Der Monat. 18(1966), H. 213, S. 61-68.

480
Dokumentation in den Geisteswissenschaften. -
In: Symposium über Probleme der Dokumentation. Niederschriften über die
Dokumentationsgepräche in der Evangelischen Akademie Loccum (Hann.) vom
11. bis 14. Februar 1966. -
Frankfurt am Main: Deutsche Gesellschaft für Dokumentation 1966, S. 52 - 60.
(= Nachrichten für Dokumentation. Beiheft 15. 1996 = Loccumer Protokolle 1996,
Nr. 2.)

481
Dokumentation und Geisteswissenschaften. Probleme und Anregungen. -
In: Zeitschrift für Bibliothekswesen und Bibliographie. 13(1966), S. 16-31.

482
Aufklärung durch Bücher. -
In: Aufklärung in Deutschland. Hrsg. von Paul Raabe und Wilhelm Schmidt-
Biggemann.
Bonn 1979, S. 87-104.

483
Buchproduktion und Lesepublikum in Deutschland 1770-1780. -
In: Philobiblon. 21(1971), 2-16.
Wiederabdruck u. d. T.:
Buchproduktion und Lesepublikum 1770-1780. -
In: Paul Raabe: Bücherlust und Lesefreuden.
Stuttgart 1984, S. 51-65.

484
Der Bibliothekar und die Bücher. Vortrag gehalten am 4. Juni 1972 anlässlich
der Tagung der Gesellschaft der Bibliophilen. -
In: Börsenblatt für den Deutschen Buchhandel. 28(1972), Nr. 56, Sp. 1581-1588.
Wiederabdruck in:
Wolfenbütteler Beiträge. 2(1973), S. 131-145.

485
Partner der Städte zum Wohl ihrer Bürger. Die Rolle der Stadt- und
Landesbibliotheken. -
In: Buch und Bibliothek. 26(1974), S. 602-604.

486
Die Zeitschrift als Medium der Aufklärung. -
In: Wolfenbütteler Studien zur Aufklärung. 1(1974), S. 99-136.
Wiederabdruck in:
Paul Raabe: Bücherlust und Lesefreuden.
Stuttgart 1984, S. 106-116.

487
Die Geschichte des Buchwesens als Aufgabe der Germanistik. -
In: Jahrbuch für Internationale Germanistik. 8(1976), 2, S. 97-106.

488
**Was ist Geschichte des Buchwesens? Überlegungen zu einem
Forschungsbereich und einer Bildungsaufgabe.** -
In: Börsenblatt für den Deutschen Buchhandel. 32(1976), Nr. 38, S. B 319-330.
Wiederabdruck in:
Hundert Jahre Historische Kommission des Börsenvereins. 1876-1976.
Frankfurt a. M.: Börsenverein des Deutschen Buchhandels 1976, S. 9-45.
Wiederabdruck u. d. T.:
Die Geschichte des Buchwesens. Probleme einer Forschungsaufgabe. -
In: Paul Raabe: Bücherlust und Lesefreuden.
Stuttgart 1984, S. 1-20.

489
Ars librorum. Beim Betrachten der Bücher Gotthard de Beauclairs. -
In: Gotthard de Beauclair. Lyriker, Buchgestalter, Verleger.
Düsseldorf: Heinrich-Heine-Institut 1977, S. 39-47.

490
Das unentdeckte Paradies. -
In: Bücher & Objekte der zwanziger Jahre. Katalog 10. Sibylle Kaldewey.
München 1977, S. 5-6.

491
Zeitschriften und Almanache (1750-1850). -
In: Buchkunst und Literatur in Deutschland 1750-1850, hrsg. von Ernst L.
Hauswedell und Christian Voigt.
Hamburg : Maximilian-Gesellschaft 1977, S. 145-195.

492
**Das alte und das kostbare Buch - eine bibliothekarische
Zukunftsaufgabe.** -
In: Das Buch und sein Haus. Festschrift. Gerhard Liebers gewidmet zur Vollendung
des 65. Lebensjahres am 23. Mai 1979. Bd 1: Erlesenes aus der Welt des Buches.
Wiesbaden 1979, S. 164-188.
Wiederabdruck in:
Pual Raabe: Bücherlust und Lesefreuden.
Stuttgart 1984, S. 267-286.

493
Hêhres und Triviales. Ein Nachwort. -
In: Gunnar A. Kaldewey: Hêhres und Triviales. Reg. Band 1 - 10. Bearb. von
Burghardt und Gisela von Hanstein.
Düsseldorf, New York 1980, S. 7-9.

494
Der Buchhändler im 18. Jahrhundert in Deutschland. -
In: Buch und Buchhandel im achtzehnten Jahrhundert. Hrsg. von Gilcs Barber und
Bernhard Fabian.
Hamburg 1981, S. 271-291.
(= Wolfenbütteler Schriften zur Geschichte des Buchwesens. Bd. 4.)
Wiederabdruck u. d. T.:
Der Buchhändler im 18. Jahrhundert. -
In: Paul Raabe: Bücherlust und Lesefreuden.
Stuttgart 1984, S. 21-35.

495
Bibliotheksgeschichte und historische Leserforschung. Anmerkungen zu
einem Forschungsthema. -
In: Wolfenbütteler Notizen zur Buchgeschichte. 7(1982), S. 433-441.

496
Malerbücher. -
In: figura 3: Zyklen. Internationale Buchkunst-Ausstellung 1982.
Dresden 1982, S. 77-78.

497
Zum Bild des Verlagswesens in Deutschland in der Spätaufklärung, dargestellt an Hand von Friedrich Nicolais Lagerkatalog von 1787. -
In: Buchhandel und Literatur. Festschrift für Herbert G. Göpfert zum 75. Geburtstag am 22. Sept. 1982 hrsg. von Reinhard Wittmann und Berthold Hack.
Wiesbaden: Harrassowitz 1982, S. 129-153.
Wiederabdruck in:
Paul Raabe: Bücherlust und Lesefreuden.
Stuttgart 1984, S. 66-88.

498
Die Bibliotheca Conringiana. Beschreibung einer Gelehrtenbibliothek des 17. Jahrhunderts. -
In: Hermann Conring (1606 - 1681). Beiträge zu Leben und Werk. Hrsg. von Michael Stolleis.
Berlin: Duncker & Humblot 1983, S. 413-434.

499
Gelehrte Nachschlagewerke im 18. Jahrhundert in Deutschland. -
In: Gelehrte Bücher vom Humanismus bis zur Gegenwart. Hrsg. von Paul Raabe und Bernhard Fabian.
Wiesbaden: Harrassowitz i. Komm. 1983, S. 97-117.
(= Wolfenbütteler Schriften zur Geschichte des Buchwesens. Bd. 9.)
Wiederabdruck u. d. T.:
Gelehrte Nachschlagewerke im 18. Jahrhundert. -
In: Paul Raabe: Bücherlust und Lesefreuden.
Stuttgart 1984, S. 89-105.

500
Gelehrte Tradition und preussisches Erbe. Zur Ortsbestimmung des deutschen Bibliothekswesens. -
In: Zeitschrift für Bibliothekswesen und Bibliographie. Sonderheft. 40(1983), S. 32-52.
Durchges. u. überarb. Wiederabdruck in:
Paul Raabe: Die Bibliothek als humane Anstalt betrachtet. Plädoyer für die Zukunft der Buchkultur.
Stuttgart: Metzler 1986, S. 33-59.

501
Library history and history of book: two fields of research for libraries.
In: Books and society in history. Papers of the Association of College and Research Libraries Rare Books and Manuscripts Preconference, 24.- 28. June, 1980, Boston, Mass. Ed. by Kenneth E. Carpenter.
New York, N. Y.: Bowker 1983, 251-254.
Wiederabdruck in:
Essays in Honor of James Edward Walsh on his sixty-fifth birthday.

Cambridge: The Goethe Institute of Boston and the Houghton Library. 1983, S. 7-22.
Wiederabdruck in:
Journal of library history.
Austin, Texas. 19(1984), S. 282-297.

502
Universität und Buchhandel. Göttingen im 18. und frühen 19. Jahrhundert.
(Festvortrag zum 275jährigen Bestehen der Deuerlichschen Buchhandlung in
Göttingen am 19. November 1982 in der Aula der Universität Göttingen.) -
In: Göttinger Jahrbuch. 31(1983), S. 143-156.
Wiederabdruck in:
Paul Raabe: Bücherlust und Lesefreuden.
Stuttgart 1984, S. 36-50.

503
Der Verleger Friedrich Nicolai. Ein preussischer Buchhändler der Aufklärung. -
In: Friedrich Nicolai 1733-1811. Essays zum 250. Geburtstag. Hrsg. von Bernhard
Fabian.
Berlin: Nicolai'sche Buchhandlung 1983, S. 58-66.
Wiederabdruck u. d. T.:
Friedrich Nicolai, ein preussischer Verleger der Aufklärung.
In: Buchhandelsgeschichte. Börsenblatt für den Deutschen Buchhandel. 39(1983),
S. B 1-B 14.
Wiederabdruck in:
Paul Raabe: Bücherlust und Lesefreuden.
Stuttgart 1984, S. 141-164.

504
Die Aufklärung und das gedruckte Wort. Die Entfaltung neuer Ideen mit Hilfe
Berliner Verleger. -
In: Digressionen. Wege zur Aufklärung. Festgabe für Peter Michelsen. Hrsg. von
Gotthardt Frühsorge, Klaus Manger und Friedrich Strack.
Heidelberg: Winter 1984, S. 47-60.

505
Bibliothekskataloge als buchgeschichtliche Quellen. Bemerkungen über
gedruckte Kataloge als buchgeschichtliche Quellen in der frühen Neuzeit. -
In: Bücherkataloge als buchgeschichtliche Quellen in der frühen Neuzeit. Hrsg. von
Reinhard Wittmann.
Wiesbaden: Harrassowitz i. Komm. 1984, S. 275-297.
(= Wolfenbütteler Schriften zur Geschichte des Buchwesens. Bd. 10.)

506
Bücherwelt und Lesekultur. Bibliotheken und Bibliothekare in der technischen
Welt. (Eröffnungsvortrag zur Woche der Bibliotheken in Niedersachsen im November
1983.) -
In: mb - mitteilungsblatt der bibliotheken in niedersachsen. 1984, H. 58, S. 15-31.
Durchges. u. überarb. Wiederabdruck in:
Paul Raabe: Die Bibliothek als humane Anstalt betrachtet. Plädoyer für die Zukunft
der Buchkultur.
Stuttgart: Metzler 1986, S. 61-80.

507
Friedrich Nicolai. Ein preussischer Verleger der Aufklärung. Vortrag zur
Eröffnung der Ausstellung 'Friedrich Nicolai. Leben und Werk' am 6. Dezember 1983
in der Staatsbibliothek. -
In: Mitteilungen. Staatsbibliothek Preussischer Kulturbesitz. 16(1984), S. 4-19.

508
Politik und Bibliotheken. (Vortrag anlässlich einer Sitzung des Niedersächsischen
Beirats für Bibliotheksangelegenheiten am 13. Januar 1984 in Goslar veranlasst durch
die Ausführungen von Dr. Werner Remmers: "Fragen eines Politikers an den
Bibliothekar".) -
In: Zeitschrift für Bibliothekswesen und Bibliographie. 31(1984), S. 293-300.
Durchges. u. überarb. Wiederabdruck in:
Paul Raabe: Die Bibliothek als humane Anstalt betrachtet. Plädoyer für die Zukunft
der Buchkultur.
Stuttgart: Metzler 1986, S. 81-90.

509
Zur Frühgeschichte des Barockbuchs. Anmerkungen zum Wandel der
Buchgestaltung in Deutschland zwischen 1550 und 1625. -
In: Acta Litteraria Academiae Scientiarum Hungarica.
Budapest. 26(1984), Nr. 1/2, S. 173-206, 24 Abb.

510
Das Buch im alten Europa. Aspekte buchgeschichtlicher Forschung. -
In: Der Mensch und das Buch. Autoren - Leser - Büchermacher. Hrsg. von Gerd-
Klaus Kaltenbrunner.
München: Herder 1985, S. 15-36.
(= Herderbücherei Initiative. Bd. 61.)

511
Den Bibliotheken endlich geben, was sie benötigen. -
In: Börsenblatt für den Deutschen Buchhandel. 42(1986) vom 4. 11. 1986,
S. 2865-2868.

512
Drei deutsche Buchkünstler. Roswitha Quadflieg... Transl. by Monika Fendel.
In: Fine Print. 12(1986), S. 84-85.

513
Die Notwendigkeit der Buchkultur im Computerzeitalter. -
In: Universitas. 41(1986), S. 1219-1234.
Wiederabdruck in:
Zum Nachdenken.
Stuttgart: Steiner Wiesbaden. N. F. 16(1988), S. 1-3.

514

Bibliotheken und gelehrtes Buchwesen. Bemerkungen über
Büchersammlungen der Gelehrten im 17. Jahrhundert. -
In: Res publica litteraria. Die Institutionen der Gelehrsamkeit in der Frühen Neuzeit.
Hrsg. von Sebastian Neumeister und Conrad Wiedemann.
Wiesbaden: Harrassowitz i. Komm. 1987, S. 643-661.
(= Wolfenbütteler Arbeiten zur Barockforschung. Bd. 14.)

515

Historische Lesekultur. -
In: Börsenblatt für den Deutschen Buchhandel. Buchhandelsgeschichte.
43(1987), S. B143-B148.

516

Libraries and research humanities. Bibliothek und geisteswissenschaftliche
Forschung. -
In: liber. Ligue des Bibliothèques Européennes de Recherche. Bulletin.
29(1987), S. 30-32.
(= General Assembly Heidelberg 1986: The Future of Old Libraries.)

517

Plädoyer für die Zukunft des Buches. -
In: Sassendorfer Sortimentertage 1987.
München 1987, S. 30-35.

518

**Bücher aus der Weimarer Republik und danach: Erwerbungen der
Wolfenbütteler Bibliothek zwischen 1919 und 1949.** Zusammengest. von
Paul Raabe. -
Wolfenbüttel: Herzog August Bibliothek 1988., 2 Bl., 187 Bl. kopierte Titel.
[Xerokopie]

519

Die Druckerei in Bevern. -
In: Barocke Sammellust. Die Bibliothek des Herzogs Ferdinand Albrecht zu
Braunschweig-Lüneburg.
Weinheim 1988, S. 224-228.
(= Ausstellungskataloge der Herzog August Bibliothek. Nr. 57.)

520

Gelehrtenbibliotheken im Zeitalter der Aufklärung. -
In: Bibliotheken und Aufklärung. Hrsg. von Werner Arnold und Peter Vodosek.
Wiesbaden: Harrassowitz i. Komm. 1988, S. 103-122.
(= Wolfenbütteler Schriften zur Geschichte des Buchwesens. Bd 14.)
Wiederabdruck in:
Wissenschaftskultur der Aufklärung. Hrsg. von Reinhard Mocek.-
Halle: Martin-Luther-Universität Halle-Wittenberg 1988, S. 188-201.
(= Martin-Luther-Universität Halle-Wittenberg. Wissenschaftliche Beiträge. 1990/18
(A123).)

521
Retrospektive Katalogisierung in Niedersachsen vor dem internationalen Hintergrund. -
In: Kolloquium zur retrospektiven Katalogisierung in Niedersachsen am 3. und 4. Mai 1988 in der Niedersächsischen Staats- und Universitätsbibliothek Göttingen.
Göttingen 1988, S. 1-7.
(= Niedersächsische Staats- und Universitätsbibliothek Göttingen.
Bibliotheksrechenzentrum für Niedersachsen (BRZN). Mitteilungen. Sonderheft.
Nr. 1.)

522
Illustrated books and periodicals. -
In: German Expressionist prints and drawings. The Robert Gore Rifkind Center for German Expressionist Studies.
Los Angeles: County Museum of Art; München: Prestel 1989, vol. 1, S. 115-129.

523
Alfred Kubin als Buchillustrator. -
In: Alfred Kubin. 1877-1959. Hrsg. von Annegret Hoberg.
München: edition spangenberg 1990, S. 151-159 m. Abb.

524
Formen und Wandlungen der Bibliographien. -
In: Welt der Information. Wissen und Wissensvermittlung in Geschichte und Gegenwart. Hrsg. von Hans-Albrecht Koch in Verbindung mit Agnes Krup-Ebert.
Stuttgart: Metzler 1990, S. 79-96.

525
Goethe als Bibliotheksreformer. -
In: Bibliographie und Berichte. Festschrift für Werner Schochow. Hrsg. von Hartmut Walravens.
München: Saur 1990, S. 53-174.

526
Die Gutenbergfeiern 1840. Zu den Feiern in Leipzig und Braunschweig. -
In: Gutenberg. 550 Jahre Buchdruck in Europa.
Weinheim 1990, S. 211-236.
(= Ausstellungskataloge der Herzog August Bibliothek. Nr. 62.)

527
Klassizistische Typographie in Europa. -
In: Gutenberg. 550 Jahre Buchdruck in Europa.
Weinheim 1990, S. 124-129.
(= Ausstellungskataloge der Herzog August Bibliothek. Nr. 62.)

528
Exlibris - Sammler - Bibliotheken. -
In: Einhundert Jahre Deutsche Exlibris-Gesellschaft. 1891-1991.
Konstanz 1991, S. 8-18.

Wolfenbütteler Cimelien

529
Gefesselt, doch frei. -
In: Der Zensur zum Trotz: Wort und Freiheit in Europa.
Weinheim 1991, S. 311-315.
(= Ausstellungskataloge der Herzog August Bibliothek. Nr. 64.)

530
Historische Bibliotheken für ein künftiges Europa. Vortrag beim Festakt zur
Rückkehr eines großen Teils der Handschriften der Stadtbibliothek aus der
Sowjetunion. -
In: Der Wagen. Ein Lübeckisches Jahrbuch.
Lübeck. 1991, S. 63-72.
Ein Teilabdruck ist erschienen in:
Lübeckische Blätter. 156(1991), S. 151-154.

531
Pseudonyme und anonyme Schriften im 17. und 18. Jahrhundert. -
In: Der Zensur zum Trotz: Das gefesselte Wort und die Freiheit in Europa.
Weinheim 1991, S. 53-66.
(= Ausstellungskataloge der Herzog August Bibliothek. Nr. 64.)

532
Revolutionsschriften in Weimar. -
In: Historische Bestände der Herzogin Anna Amalia Bibliothek zu Weimar. Beiträge
zu ihrer Geschichte und Erschliessung. Mit Bibliographie. Zusammenstellung und
wissenschaftliche Redaktion: Konrad Kratzsch und Siegfried Seifert.
München: Saur 1992, S. 93-98.
(= Literatur und Archiv. Bd. 6.)

533
Siege der Individualität. Das Buch - ein geliebter Anachronismus? -
In: agenda. Zeitschrift für Medien, Bildung, Kultur.
Bonn. 15(1992), S. 24-26.

534
Zweihundert Jahre Gerstenberg. 1792-1992. -
In: Von St. Petersburg nach Hildesheim. Festschrift zum 200jährigen Jubiläum des
Hauses Gerstenberg 1792-1992. Hrsg. von Paul Raabe.
Hildesheim: Gerstenberg 1992, S. 7-12.

535
Lessings Büchererwerbungen. -
In: Eine Reise der Aufklärung. Lessing in Italien. Wolfenbüttel 1993, 665-669.
(= Ausstellungskataloge der Herzog August Bibliothek. Nr. 70.)
(Deutsche Fassung des Aufsatzes in "Da Vienna a Napoli in Carozza". Napoli 1991.)

134

536

Zur Kooperation der Sächsischen Landesbibliothek und der künftigen Universitätsbibliothek Dresden. -

In: Die Landesbibliotheken an der Schwelle zum nächsten Jahrtausend. Symposion am 9. und 10. September 1993 in der Sächsischen Landesbibliothek Dresden. Dresden: Gesellschaft der Freunde und Förderer der Sächsischen Landesbibliothek e.V. Arbeitsgemeinschaft der Regionalbibliotheken im Deutschen Bibliotheksverband 1993, S. 65-68.

537

Auf dem Wege zu neuen Ufern - Bibliotheken der ehemaligen DDR im Aufbruch. -

In: Bibliothek für Bildungsgeschichtliche Forschung des Deutschen Instituts für Internationale Pädagogische Forschung. Wiedereröffnung am 2. März 1994. Dokumentation. Berlin 1994, S. 12-17.

538

Einige Anmerkungen über Franz Kuglers Anteil an der Geschichte der Buchillustration. -

In: Kunstgeschichte und Gegenwart. 23 Beiträge für Georg Kauffmann zum 70. Geburtstag. (= Zeitschrift für Kunstgeschichte. 47(1994), S. 474-479.)

539

Bibliotheken im Spannungsfeld von gestern und morgen. Oder: Die Städte und ihre Bücher. -

In: Lübeckische Blätter. 160(1995), S. 249-253.

540

Gedanken eines Diplombibliothekars. -

In: Biblionota. 50 Jahre bibliothekarische Ausbildung in Hamburg - 25 Jahre Fachbereich Bibliothek und Information. Hrsg. vom Fachbereich Bibliothek und Information der Fachhochschule Hamburg. Münster, New York: Waxmann 1995, S. 95-99.

[Ein bisher nicht veröffentlichter Aufsatz aus dem Jahr 1949.]

541

Bibliotheken im Wandel eines Jahrhunderts. Ansichten eines ehemaligen Hamburger Bibliotheksschülers. Festvortrag. -

In: Fachhochschule Hamburg. Fachbereich Bibliothek und Information. 50 Jahre Bibliothekarische Ausbildung in Hamburg. 25 Jahre Fachbereich Bibliothek und Information. Jubiläumsveranstaltungen 6. bis 10. November 1995. Dokumentation. Hamburg 1996, S. 11-19 mit 1 Abb.

542
Johann Gebhard Justus Erich Walbaum. 1768-1837. -
In: Braunschweigisches Biographisches Lexikon 19. und 20. Jahrhundert. Im Auftrag der Braunschweigischen Landschaft e.V. hrsg. von Horst-Rüdiger Jarck und Günter Scheel.
Hannover: Hahnsche Verlagsbuchhandlung 1996, S. 639.

543
Karl Schapers Holzbriefe. -
In: Karl Schaper. Werke. Eine Auswahl von 1928 bis 1999. Städtische Galerie Wolfsburg, 30. Januar bis 30. April 2000. Wilhelm-Hack-Museum Ludwigshafen, 25. August bis 15. Oktober 2000. Staatl. Bücher- und Kupferstichsammlung im Sommerpalais Greiz.
Braunschweig 2000, S. 66-69, 2 Abb.

544
Die 12 Wunderkammerbücher. -
In: Hubertus Gojowcyk: Buchobjekte zur Wunderkammer. Ausstellung in den Franckeschen Stiftungen zu Halle, 25. März bis 20. Mai 2001. Hrsg. von den Franckeschen Stiftungen.
Halle: Verlag der Franckeschen Stiftungen zu Halle 2001, S. 11-24, 14 Abb.
(= Kataloge der Franckeschen Stiftungen. 8.)

545
Die Bedeutung der Buchkultur in Europa. -
In: Gutenberg-Jahrbuch. 76(2001), S. 27-35.

546
Die Bibliotheca Crummingiana in Emden. -
In: Bibliothek und Reformation. Miszellen aus der Johannes a Lasco Bibliothek Emden. Hrsg. von Christoph Strom.
Wuppertal: foedus 2001, S. 14-34.
(= Veröffentlichungen der Johannes a Lasco Bibliothek Grosse Kirche Emden. Bd. 4.)

547
Kirche - Forschung - Kultur. Aspekte einer Alternative. [Rede zur Eröffnung der Johannes a Lasco Bibliothek Emden. 1995.] -
In: Bibliothek und Reformation. Miscellen aus der Johannes a Lasco Bibliothek Emden. Hrsg. von Christoph Strom.
Wuppertal: foedus 2001, S. 1-12.
(= Veröffentlichungen der Johannes a Lasco Bibliothek Grosse Kirche Emden. Bd. 4.)

548
Meine erste Begegnung mit Klaus G. Saur. -
In: Erste Begegnungen - gemeinsame Projekte. Klaus G. Saur zum 60. Geburtstag. Hrsg. von den Mitarbeiterinnen und Mitarbeitern des K.G. Saur Verlags.
München und Leipzig: K. G. Saur 2001, S. 113-115.

Paul Raabe
Bibliosibirsk oder
Mitten in
Deutschland

Jahre in
Wolfenbüttel
Arche

3.3 Herzog August Bibliothek

549
Forschungsbibliothek und Buchmuseum. Die Zukunft der Herzog August Bibliothek. -
In: Welt und Wort. 26(1971), S. 352-353.

550
Die Herzog August Bibliothek. -
In: Regionalbibliotheken in der Bundesrepublik Deutschland, hrsg. von Wilhelm Totok und Karl-Heinz Weimann.
Frankfurt a. M.: Klostermann 1971, S. 97-104.

551
400 Jahre Bibliothek zu Wolfenbüttel. -
In: Programm zum Festjahr der Herzog August Bibliothek Wolfenbüttel 1972, S. 3-5.

552
400 Jahre Herzog August Bibliothek zu Wolfenbüttel. Eine Rechenschaft zum Festjahr 1972. -
In: DFW. Dokumentation, Fachbibliothek, Werksbücherei. 20(1972), H. 6, S. 209-251.

553
Das achte Weltwunder. Über den Ruhm der Herzog August Bibliothek. -
In: Wolfenbütteler Beiträge. Bd. 1(1972), S. 3-25.

554
Sinn und Grenze der Tradition. Ansprache zum 400jährigen Jubiläum der Herzog August Bibliothek Wolfenbüttel. -
In: Sinn und Grenze der Tradition. Hannover: Madsack 1972, S. 15-17.

555
Über Armin Sandig. -
In: Westermanns Monatshefte. 1972, H. 11, S. 17-18.

556
Dankworte aus Anlass des Festaktes im Lessing-Theater Wolfenbüttel am 2. November 1972. -
In: Wolfenbütteler Beiträge. Bd. 2(1973), S. 12-14.

557
Die Herzog August Bibliothek als Mittelpunkt des kulturellen Lebens. -
In: Heimatbuch Landkreis Wolfenbüttel. 1975, S. 65-69.

138

558
Die Herzog August Bibliothek als Forschungs- und Studienstätte. -
In: Wolfenbüttel. Altstadt-Sanierung. Wolfenbüttel 1976, S. 19-21.

559
Neue Veröffentlichungen unter dem Zeichen Wolfenbüttels. -
In: Heimatbuch Landkreis Wolfenbüttel. 23. 1977(1976), S. 30-36.

560
Wolfenbüttel und die Erforschung des 17. Jahrhunderts. -
In: Wolfenbütteler Barock-Nachrichten. 3(1976), S. 223-226.

561
Bericht über die Erschliessung der Quellen zur Barockforschung in der Herzog August Bibliothek. -
In: Deutsche Barockliteratur und europäische Kultur. Zweites Jahrestreffen in der Herzog August Bibliothek vom 28. bis 31. August 1976. Vorträge und Kurzreferate. Hrsg. von Martin Bircher und Eberhard Mannack.
Hamburg 1977, S. 321-323.
(= Dokumente des Internationalen Arbeitskreises für deutsche Barockliteratur. Bd. 3.)

562
Bücherlust und Lesefreuden in höfischer Welt und bürgerlichen Leben.
Lesen und Lektüre in Wolfenbüttel im 18. und 19. Jahrhundert. -
In: Buch und Leser. Vorträge des ersten Jahrestreffens des Wolfenbütteler Arbeitskreises für Geschichte des Buchwesens in der Herzog August Bibliothek. 13. bis 14. Mai 1976. Hrsg. von Herbert G. Göpfert.
Hamburg 1977, S. 11-37.
(= Schriften des Wolfenbütteler Arbeitskreises für Geschichte des Buchwesens. Bd. 1.)

563
Zum Ausklang des Jahres 1977. -
In: Wolfenbütteler Bibliotheks-Informationen. 2(1977), Nr. 4, S. 25.

564
Die Gesellschaft der Freunde der Herzog August Bibliothek. -
In: Wolfenbütteler Bibliotheks-Informationen. 3(1978), Nr. 4, S. 1.

565
Die Herzog August Bibliothek in den Jahren 1973-1976. Eine Zwischenbilanz. -
In: Wolfenbütteler Beiträge. 3(1978), S. 303-335.

566
Die Herzog August Bibliothek. Eine Quellensammlung europäischer Buchgeschichte. -
In: museum. Braunschweig 1978, H. 4, S. 8-17.

567

Die wissenschaftliche Bibliothek als Forschungszentrum. Verwaltungsstelle
oder Gelehrtenrepublik. Das Wolfenbütteler Modell sollte Schule machen. -
In: Börsenblatt für den Deutschen Buchhandel. 34(1978), Nr. 37, S. 900.

568

Zum Umschlagbild (Herzog August Bibliothek Wolfenbüttel). -
In: Bibliotheksdienst. 1978, S. 401-404.

569

Herzog August und die "Sterne" in Lüneburg. -
In: Sammler, Fürst, Gelehrter. Herzog August zu Braunschweig und Lüneburg.
1579-1666.
Wolfenbüttel 1979, S. 157-161.
(= Ausstellungskataloge der Herzog August Bibliothek. Nr. 27.)

570

Herzog August und Merians Topographie. -
In: Sammler, Fürst, Gelehrter. Herzog August zu Braunschweig und Lüneburg.
1579-1666.
Wolfenbüttel 1979, S. 207-209.
(= Ausstellungskataloge der Herzog August Bibliothek. Nr. 27.)

571

Herzog Augusts Beziehungen zu den Gelehrten. -
In: Sammler, Fürst, Gelehrter. Herzog August zu Braunschweig und Lüneburg.
1579-1666.
Wolfenbüttel 1979, S. 151-156.
(= Ausstellungskataloge der Herzog August Bibliothek. Nr. 27.)

572

Sammler - Fürst - Gelehrter. Die Herzog August-Ausstellung in Wolfenbüttel. -
In: Wolfenbütteler Barock-Nachrichten. 6(1979), S. 299-302.

573

Die Bibliotheca Augusta - eine alte Bibliothek in der modernen Welt. -
In: Die Herzog August Bibliothek in den letzten 100 Jahren.
Göttingen 1980, S. 89-115, 7 Abb.
(= Arbeiten zur Geschichte des Buchwesens in Deutschland. 7.)

574

Erhart Kästner in Wolfenbüttel. Aus seinen Schriften und Dokumenten
zusammengestellt von Paul Raabe.
In: Die Herzog August Bibliothek in den letzten 100 Jahren.
Göttingen 1980, S. 59-87, 4 Abb.
(= Arbeiten zur Geschichte des Buchwesens in Deutschland. 7.)

575
Die Herzog August Bibliothek - Rückblick auf eine Entwicklung. -
In: Wolfenbütteler Bibliotheks-Informationen. 5(1980), S. 26-28, 1 Abb.

576
Die Herzog August Bibliothek in Wolfenbüttel. -
In: Der Landkreis Wolfenbüttel.
Oldenburg: Verl. Kommunikation und Wirtschaft 1980, S. 30-33.

577
Buchgeschichte in Wolfenbüttel. -
In: Wolfenbütteler Bibliotheks-Informationen. 6(1981), Nr. 1, S. 1-2.

578
Umzug ins Zeughaus. -
In: Wolfenbütteler Bibliotheks-Informationen. 6(1981), S. 17-18.

579
Das Wolfenbütteler Bibliotheksquartier. Über eine alte Forschungsstätte. -
In: Philobiblon. 25(1981), S. 156-169, 5 Abb.

580
Anmerkungen zur Wolfenbütteler Bibliothek im 19. Jahrhundert. -
In: Bibliotheken im gesellschaftlichen und kulturellen Wandel des 19. Jahrhunderts.
Vorträge des ersten Jahrestreffens des Wolfenbütteler Arbeitskreises für
Bibliotheksgeschichte. 24. bis 26. April 1980. Hrsg. von Gerhard Liebers und Peter
Vodosek.
Hamburg 1982, S. 1-17.
(= Wolfenbütteler Schriften zur Geschichte des Buchwesens. Bd. 8.)

581
**Ansprache am 8. Oktober 1981 im Zeughaus der Herzog August
Bibliothek. -**
In: Festakt zur Eröffnung des Wolfenbütteler Bibliotheksquartiers.
Wolfenbüttel: Herzog August Bibliothek 1982, S. 31-39.
(= Sonderheft der "Wolfenbütteler Beiträge" für die Mitglieder der "Gesellschaft der
Freunde der Herzog August Bibliothek e. V.". Zu Weihnachen 1982.)

582
**Bibliotheca Augusta - Dawna biblioteka w konfrontacji z
Wspólczesnoscia (o roli i funkcjach Herzog August Bibliothek w
Wolfenbüttel). -**
In: Biuletyn Biblioteki Jagiellonskiej.
Krakow 32(1982), S. 5-17, 4 Abb.

583
Das Lutherjahr 1983 in der Herzog August Bibliothek. -
In: Wolfenbütteler Bibliotheks-Informationen. 7(1982), S. 25-26.
(Auch als Sonderdruck erschienen. Wolfenbüttel 1982. 2 Bl. 4°)

584
Ein Wolfenbütteler Gelehrter auf den Spuren von Jan Brozek. -
In: Theatrum Europaeum. Festschrift für Elida Maria Szarota.
München: Fink 1982, S. 473-489.

585
Die Herzog August Bibliothek. The Ducal Library of Wolfenbuettel. -
In: Die Neue Welt in de Schätzen einer alten europäischen Bibliothek. The New
World in the Treasures of an Old-World Library. Eine Ausstellung des Goethe-
Instituts zur Pflege der deutschen Sprache im Ausland.
München: Goethe-Institut 1983, S. 11-27, 13 Abb.

586
Lutherüberlieferung in der Herzog August Bibliothek. -
In: Luther 83. Mitteilungen aus dem Lutherjahr 1983 in Niedersachsen.
Heft 2(1983), S. 32-35.

587
The American Friends of the Herzog August Library. -
In: Wolfenbütteler Biblotheks-Informationen. 9(1984), S. 21-22.

588
The Herzog August Library in Wolfenbüttel. -
In: 12. Internationaler Bibliophilen Kongress 1981 in der Herzog August Bibliothek
Wolfenbüttel. Akten und Referate 1984, S. XV-XXIII.
Zugleich in:
Traesures of the Herzog August Library. Trésors de la Bibliothèque Augustéenne.
Wolfenbüttel 1984, S. VII-XV.

589
The Herzog August Library in Wolfenbüttel. -
In: The American Wolfenbutteliana. Ed. by Gunnar Kaldewey. New York. 1(1984),
S. 9-21.

590
**Heute vor 80 Jahren wurde der Schriftsteller und Bibliothekar Erhart
Kästner geboren.** In Wolfenbüttel hat er sich ein Denkmal gesetzt. -
In: Braunschweiger Zeitung vom 13. März 1984, Nr. 62, S. 11.

591
Brief aus Wolfenbüttel. Inmitten einer Welt von alten Büchern. -
In: Frankfurter Allgemeine Zeitung vom 31. Dezember 1985, Nr. 302, S. 31.

142

592
Die Herzog August Bibliothek - ein Beispiel für staatliches Engagement und private Initiative. Vortrag gehalten am 16. 5. 1984 in Wolfenbüttel. -
In: Staatliche Initiative und Bibliotheksentwicklung seit der Aufklärung. Hrsg. von Paul Kaegbein und Peter Vodosek.
Wiesbaden 1985, S. 227-238.
(= Wolfenbütteler Schriften zur Geschichte des Buchwesens. Bd. 12.)
Wiederabdruck in:
Paul Raabe: Tradition und Herausforderung. Kulturpolitische Betrachtungen.
Seelze 1990, S. 77-93.

593
Abschlussbericht des deutsch-schwedischen Kolloquiums am 10. und 11. Februar 1986 in der Herzog August Bibliothek Wolfenbüttel. -
In: Sveo-germanica. Mitteilungen zur Erforschung der Geschichte schwedisch-deutscher Beziehungen. In Zusammenarbeit mit der Herzog August Bibliothek Hrsg. vom Stadtarchiv Stade.
Stade 1986, S. 3-4.

594
Bibliotheca Augusta. Das neue Wolfenbütteler Bibliotheksquartier, eine neue alte Forschungsstätte.
In: Der Landkreis, Bonn. 55(1986), S. 169-171, 3 Abb.

595
Die Herzog August Bibliothek in Wolfenbüttel. -
In: Deutschland. Porträt einer Nation.
Gütersloh: Bertelsmann Lexikon-Verl. 1986, Bd. 6, S. 376-379, 2 Abb.

596
Treasure Houses of the Book Arts in Germany. Herzog August Bibliothek.
Transl. by Monika Fendel. -
In: Fine Print. 12(1986), S. 111-112.

597
Wolfenbütteler Verlagsprojekte. -
In: Ernst Hauswedell. 1901-1983. Hrsg. im Auftrage der Maximilian-Gesellschaft von Gunnar A. Kaldewey.
Stuttgart: Maximilian-Gesellschaft 1987, S. 52-56.

598
Besucher, Leser und Gelehrte. Betrachtungen über die Wolfenbütteler Bibliothek im 18. Jahrhundert. -
In: Das achtzehnte Jahrhundert. Facetten einer Epoche. Festschrift für Rainer Gruenter. Hrsg. von Wolfgang Adam.
Heidelberg: Winter 1988, S. 9-23.

599
Die Herzog August Bibliothek in Wolfenbüttel. Ein Kulturgut von
internationalen Rang. -
In: Niedersachsenjahrbuch '88 Uelzen.
Hameln: Niemeyer 1988, S. 142-156, Abb.

600
Karl Philipp Schönemann und Heinrich Wilhelm Hahn. Zur Idee einer
deutschen Nationalbibliothek in Wolfenbüttel. -
In: Arato corona messoria. Beiträge zur europäischen Wissenschaftsüberlieferung.
Festschrift für Günter Pflug zum 20. April 1988. Hrsg. von Bernhard Adams u.a.
Bonn: Bouvier 1988, S. 35-45.

601
Leselust und Bücherfreuden. Das Wolfenbütteler Jahr des Buches. Ein Beitrag
zum Europäischen Film- und Fernsehjahr. -
In: Wolfenbütteler-Bibliotheks-Zeitung. Beilage zur Wolfenbütteler Zeitung, Februar
1988, S. 1.

602
Das Evangeliar Heinrich des Löwen. Wolfenbüttel kann die Aufmerksamkeit
Einheimischer und Fremder auf sich lenken. Offener Brief an die Wolfenbütteler
Bevölkerung. -
In: Braunschweiger Zeitung vom 14. April 1989, Nr. 87, S. 9.

603
Die Herzog August Bibliothek in Wolfenbüttel. Schatzkammer der
Gelehrsamkeit. -
In: Der Rotarier. 39(1989), H. 463, S. 802-807.
Wiederabdruck in:
Deutsches Adelsblatt. 28(1989), S. 228-230.

604
Halle, Weimar, Gotha, Michaelstein. Beziehungen der Herzog August
Bibliothek zur DDR. -
In: Ars Musica. Michaelstein/Blankenburg. Jahrbuch 1990, S. 6-11.

605
Die Herzog August Bibliothek als kulturelles Zentrum in Wolfenbüttel. -
In: Niedersachsen kulturell. Ein Reiseführer durch Niedersachsen. Hrsg. von der
Stiftung Niedersachsen in Zusammenarbeit mit der Unternehmer-Initiative
Niedersachsen und der Niedersächsischen Sparkassenstiftung.
Seelze 1990, S. 196-202.

606
Freistätten der Gelehrten. Festvortrag von Professor Dr. Drs. h. c. Paul Raabe
zum Niedersachsenpreis. -
In: Wolfenbütteler Zeitung vom 11./12. Mai 1991.

144

607
Die Herzogliche Bibliothek in der Residenz Wolfenbüttel im 17. und 18. Jahrhundert. - Tradition und Verpflichtung. -
In: Residenzstädte und ihre Bedeutung im Territorialstaat des 17. und 18. Jahrhunderts. Vorträge des Kolloquiums vom 22. und 23. Juni 1990 im Spiegelsaal der Forschungs- und Landesbibliothek Gotha, Schloss Friedenstein.
Gotha: Forschungs- und Landesbibliothek 1991, S. 55-64.
(= Veröffentlichungen der Forschungs- und Landesbibliothek Gotha. 29.)

608
Die niederländischen Büchererwerbungen in der Fürstlichen Bibliothek Wolfenbüttel im 17. und frühen 18. Jahrhundert. -
In: Le Magasin de l'Univers. The Dutch Republic as the Centre of European Book Trade.
Leiden 1991, S. 223-235.

609
Katalog der in Italien erworbenen Bücher. Bearbeitet von Lea Ritter Santini und Stefan Matuschek, verzeichnet von Paul Raabe und Barbara Strutz, biobibliographischer Kommentar von Stefano Calabrese. -
In: Eine Reise der Aufklärung. Lessing in Italien. Wolfenbüttel 1993, S. 675-851.
(= Ausstellungskataloge der Herzog August Bibliothek. Nr. 70.)
(Deutsche Fassung des Verzeichnisses in "Da Vienna a Napoli in Carrozza". Napoli 1991.)

610
Das barocke Wolfenbüttel und das klassische Weimar. -
In: Wolfenbütteler Beiträge. 9(1994), S. 253-263.

611
Der Bibliotheksdiener im 18. Jahrhundert. -
In: Gesinde im 18. Jahrhundert. Hrsg. von Gotthardt Frühsorge, Rainer Gruenter und Beatrix Freifrau Wolff Metternich.
Hamburg: Meiner 1995, S. 309-318.

612
Die Herzog August Bibliothek. -
In: Die besondere Bibliothek. Hrsg. von Antonius Jammers, Dietger Pforta, Winfried Sühlo.
München: Saur 2001. [im Druck]
(= Veröffentlichungen der Freunde der Staatsbibliothek zu Berlin. 2.)

3.4 Kulturpolitische Beiträge

613
Für Wolfenbüttel steht viel auf dem Spiel. "Ein gefährlicher Präzedenzfall". -
"Alles tun, einen verhängnisvollen Schritt zu verhindern". -
In: Wolfenbütteler Zeitung vom 4. Aug. 1971, S. 7.

614
Keine Museumsstadt für Touristen. Offener Brief an die Wolfenbütteler
Zeitung. -
In: Wolfenbütteler Zeitung vom 22. 10. 1975.

615
Lessings pädagogische Provinz. Denkmalschutz als didaktische Aufgabe. - Das
Beispiel Wolfenbüttel. -
In: Rheinischer Merkur vom 31. Dezember 1976, Nr. 53, S. 25-26.
(Gekürzte Fassung eines Referates anlässlich der Tagung der Deutschen UNESCO-
Kommission am 1. Dezember 1976 in Wolfenbüttel.)

616
Lessingstadt? Frage - Wege - Hoffnungen. -
In: Heimatbuch Landkreis Wolfenbüttel. 1978(1977), S. 31-39.
Wiederabdruck in:
Schlesischer Gebirgsbote. 30(1978), Nr. 14/15, S. 251-254. Als Sonderdruck
anlässlich des Lessingjahres 1978 erschienen.
Wolfenbüttel: Grenzland-Druckerei. 6 Bl.

617
Impulse aus der Lessingstadt. -
In: Der gemeinsame Weg. 4(1978), H. 12, S. 50-53.

618
Ein Jahr im Zeichen von Nathan. Lessingjahr, Lessingfest, Lessingstadt. -
In: Wolfenbütteler Zeitung vom 8. Juli 1978.

619
Bewahren und Vermitteln, Erschliessen und Erforschen. Wissenschafts-
und kulturpolitische Aufgaben traditioneller historischer Sammlungen. -
In: Symposium "Nationales Museum oder Museum der Nation. - Ist Geschichte im
Museum darstellbar?" 21./22. September 1979. Schloss Gymnich.
Nürnberg: Germanisches Nationalmuseum 1979, S. 28-41.

620
Bilanz des Lessing-Jahres: Eine Herausforderung. -
In: Lessing 79. Mitteilungen aus dem Lessingjahr. Wolfenbüttel 1979, H. 3, S. 4-8.

Paul Raabe
Spaziergänge durch Goethes Weimar
Arche

621

Mit überlieferter Architektur leben. Planen und Bauen im Grenzbereich.
Wolfenbüttel: Traditionsreiche Bibliothek mit zukunftsweisenden Aufgaben. -
In: Baukultur. Zeitschrift des Deutschen Architektur- und Ingenieurverbandes.
Sonderausgabe. 1981, S. 42-49 m. Abb.

622

Verantwortung für kulturelle Identität. -
In: Bericht für die Jahrestagung und die Akademieversammlung 1983 in Goslar.
Deutsche Akademie für Städtebau und Landesplanung. Mitteilungen. 27(1983), Bd. 3,
S. 36-44.

623

Wissenschaft in der Stadt. -
In: Literarisches Leben in Dortmund. Beiträge zur Geschichte von Literatur,
Buchhandel und Vereinen. Vortrag aus Anlass des 75jährigen Bestehens der Stadt-
und Landesbiblothek Dortmund. Hrsg. von Alois Klotzbücher.
Dortmund 1984, S. 25-44.

624

Braunschweig und Wolfenbüttel - Konkurrenz oder Nachbarschaft.
Vortrag zur Verleihung der Ehrendoktorwürde in der Technischen Universität
Braunschweig am 27. Juni 1987. -
In: Mitteilung der TU Braunschweig. 22(1987), H. 3, S. 21-26.
Wiederabdruck in:
Wolfenbütteler Zeitung vom 4./5. Juni 1987.
Wiederabdruck in:
Paul Raabe: Tradition und Herausforderung. Kulturpolitische Betrachtungen.
Seelze 1990, S. 49-62.

625

Schlösser, Herrensitze, Klöster, städtische Ensembles. -
In: Nordlicht - Kultur in Niedersachsen.
Velber/Wolfenbüttel 1987, Nov. S. 10 ff.

626

Kulturlandschaft Niedersachsen. -
In: Bildung - Geschichte und Zukunft. Erich Weniger als politischer Pädagoge.
Berichte und Beiträge in Zusammenhang mit der Gründung des 'Vereins der Freunde
und Förderer des Erich-Weniger-Hauses' in Steinhorst (Landkreis Gifhorn). Hrsg. von
Karl Neumann.
Göttingen 1988, S. 37-45.
(= Göttinger Beiträge zur Erwachsenenbildung. H. 12.)

627

Niedersachsen als Standort von Kultur und Wissenschaft. Vortrag
anlässlich des Niedersachsenforums der CDU-Landtagsfraktion vom 1. 2. 1989 in
Hannover. -
In: Chancen von Stadt und Land. Hrsg. von der CDU-Fraktion im Niedersächsischen
Landtag.

148

Hannover 1989, S. 60-67.
Wiederabdruck u. d. T.:
Niedersachsen als Standort - Kulturpolitische Überlegungen. -
In: Paul Raabe: Tradition und Herausforderung. Kulturpolitische Betrachtungen.
Seelze 1990, S. 95-105.

628
Rückkehr zur Geschichte. Festvortrag zur Eröffnung des Kreismuseums Peine
am 18. 11. 1988. -
In: Rückkehr zur Geschichte. Chronologie und Festvortrag.
Peine: Kreismuseum 1989, S. 18-23.

629
Die Strasse im Wandel der Zeit. -
In: VSVI-Information.
Hannover 1989, Nr. 3, S. 7-13.

630
Die Dammühle soll nun endlich fallen. Für ein Europäisches Haus des Buches -
Gewölbe und Wehr sollen erhalten bleiben. -
In: Wolfenbütteler Zeitung vom 24. Januar 1990, S. 9.

631
Mitten in Deutschland - nach einem Jahr. Ansprache im Zeughaus am
20. Dezember 1990. -
In: Wolfenbütteler Zeitung vom 18. Dezember 1990, Nr. 302.

632
Der Schlossplatz und die Zukunft Wolfenbüttels. -
In: Wolfenbütteler Zeitung Nr. 113(1990), S. 6-8.

633
Gastkolumne. -
In: UniPress. Zeitschrift der Universität Augsburg.
Augsburg 1991, Nr. 5, S. 29.

634
Weimar, ein Himmelreich für Leser. -
In: Merian - Das Monatsheft für Städte und Landschaften.
Hamburg. Jg. 47(1994), H. 4, S. 128-129.

635
Kultur im vereinten Deutschland. -
In: DBV-Jahrestagung 1996. 4.-7. März 1996 in Halle.
Berlin: Deutscher Bibliotheksverband e.V. 1996, S. 11-18.
(= DBV-Info Nr. 20.)

636
Kulturpolitik im vereinten Deutschland - aus der Sicht eines Bibliothekars. -
In: Zukunft Kulturpolitik. Festschrift zum 60. Geburtstag von Olaf Schwencke. Hrsg. von Hermann Glaser, Margarethe Goldmann, Norbert Sievers.
Hagen: Kulturpolitische Gesellschaft; Essen: Klartext-Verl. 1996, S. 106-119.
(= Edition Umbruch. Bd. 10.)

637
Wolfenbüttel und Braunschweig - Kulturzentren der Goethezeit? -
In: Europa in der Frühen Neuzeit. Festschrift für Günter Mühlpfordt. Bd 2: Neuzeit. Hrsg. von Erich Donnert.
Weimar, Köln, Wien: Böhlau 1997, S. 653-656.

638
Beim Blick auf die verrosteten Maschinen der DDR. -
In: Frankfurter Allgemeine Zeitung vom 13. 5. 98.
Antwort auf den Leitartikel von Volker Zastrow "Faule Bilanzen" in der F.A.Z. vom 2. 5. 1998.

639
Halle - eine Kulturstadt im europäischen Deutschland. Festvortrag anlässlich des 300jährigen Bestehens der Franckeschen Stiftung zu Halle am 21. März 1998. -
In: Mitteldeutsches Jahrbuch für Kultur und Geschichte. 6(1999), S. 159-171 mit 2 Abb.

640
Die Notgemeinschaft für die Erhaltung der Altstadt Wolfenbüttel 1975. -
In: Wolfenbüttel - erhalten - sanieren - gestalten. 25 Jahre Aktionsgemeinschaft Altstadt Wolfenbüttel e.V. Hrsg. von der Aktionsgemeinschaft Altstadt Wolfenbüttel e. V. Wolfenbüttel.
Wolfenbüttel 2000, S. 5-10 mit Abb.

VIER THALER
UND SECHZEHN
GROSCHEN

AUGUST HERMANN FRANCKE
DER STIFTER UND
SEIN WERK

3.5 Franckesche Stiftungen zu Halle

641
Die Franckeschen Stiftungen. -
In: Die Franckeschen Stiftungen zu Halle an der Saale. Hrsg. von Paul Raabe mit
Beiträgen von Ulrich Ricken und Jürgen Storz. -
Wolfenbüttel 1990, S. 9-15.
(= Jahresgabe der Gesellschaft der Freunde der Herzog August Bibliothek.)

642
Der Freundeskreis der Franckeschen Stiftungen in Halle. -
In: Wolfenbütteler Bibliotheks-Informationen. 15(1990), S. 8.

643
Künftige Aufgaben der Stiftungen. -
In: Die Franckeschen Stiftungen zu Halle a. d. Saale. Informationen und
Veranstaltungen 1993.
Halle: Verlag der Franckeschen Stiftungen zu Halle 1992, S. 66-76 m. Abb.

644
Reden und Berichte. -
In: Francke-Feiern 1992 der Franckeschen Stiftungen zu Halle. Reden und Berichte.
21. und 22. März 1992. (Hrsg. von Penelope Willard.)
Halle: Verlag der Franckeschen Stiftungen zu Halle 1992, S. 24-26, 47-51.
(= Schriften der Franckeschen Stiftungen. 1.)

645
Die Franckeschen Stiftungen und die Universität Halle. -
In: Die Franckeschen Stiftungen zu Halle an der Saale. Jahresprogramm 1994.
Halle: Verlag der Franckesche Stiftungen zu Halle 1993, S. 9-18. m. Abb.
(= Schriften der Franckeschen Stiftungen. 3.)

646
Leuchtturm in der kulturellen Landschaft. Franckesche Stiftungen in
finanzieller Not. -
In: Frankfurter Allgemeine Zeitung vom 27. September 1993, Nr. 224, S. B 20.

647
Rundgang durch die Franckeschen Stiftungen. -
In: Die Franckeschen Stiftungen zu Halle an der Saale. Jahresprogramm 1994.
Halle: Verlag der Franckeschen Stiftungen zu Halle 1993, S. 35-50 m. Abb.
(= Schriften der Franckeschen Stiftungen. 3.)

152

648
Rundgang durch die Franckeschen Stiftungen. -
In: Die Franckeschen Stiftungen zu Halle an der Saale. Informationen und
Veranstaltungen. Jahresheft 1995.
Halle: Verlag der Franckeschen Stiftungen zu Halle 1994, S. 52-67 m. Abb.
(= Schriften der Franckeschen Stiftungen. 5.)

649
Zwei Männer der ersten Stunde. Rolf Frick und Hartmut Johnsen. -
In: Die Franckeschen Stiftungen zu Halle an der Saale. Jahresheft 1995.
Halle: Verlag der Franckeschen Stiftungen zu Halle 1994, S. 30-32.
(= Schriften der Franckeschen Stiftungen. 5.)

650
Begrüssung im Namen des Direktoriums der Franckeschen Stiftungen. -
In: Die Franckeschen Stiftungen zu Halle an der Saale. Jahresheft 1996.
Halle: Franckesche Stiftungen zu Halle 1995, S. 36-40.
(= Schriften der Franckeschen Stiftungen. 6.)

651
Die Franckeschen Stiftungen und die Martin-Luther-Universität. -
In: scientia halensis. Das Wissenschaftsjournal der Martin-Luther-Universität Halle-
Wittenberg. 3(1995), H. 4, S. 7-9, 44 mit 4 Abb.

652
Das Luthergedenkjahr 1996. "Luther bei uns". Zu den Veranstaltungen der
Franckeschen Stiftungen. -
In: Die Franckeschen Stiftungen zu Halle an der Saale. Jahresheft 1996. -
Halle: Verlag der Franckeschen Stiftungen 1995, S. 83-84.
(= Schriften der Franckeschen Stiftungen. 6.)

653
Zwölf Sätze zum Luthergedenkjahr 1996. -
In: Die Franckeschen Stiftungen zu Halle an der Saale. Jahresheft 1996.
Halle: Verlag der Franckeschen Stiftungen zu Halle 1995, S. 85-86.
(= Schriften der Franckeschen Stiftungen. 6.)

654
August Hermann Franckes Waisenhaus. Wirtschaftliche Autonomie und
staatliche Förderung einer pädagogischen Herausforderung. -
In: Bildung zwischen Staat und Markt. Beiträge zum 15. Kongress der Deutschen
Gesellschaft für Erziehungswissenschaft vom 11.-13. März 1996 in Halle an der
Saale. Im Auftr. des Vorstandes hrsg. von Dietrich Benner, Adolf Kell und Dieter
Lenzen.
Weinheim, Basel: Beltz-Verl. 1996, S. 171-184.
(= Zeitschrift für Pädagogik. Beih. 35.)

655
Gegenwart und Zukunft der Franckeschen Stiftungen. -
In: Die Franckeschen Stiftungen zu Halle. Jahresprogramm 1997.
Halle: Verlag der Franckeschen Stiftungen zu Halle 1996, S. 10-21, Abb.
(= Schriften der Franckeschen Stiftungen. 7.)

656
Jesaja 40, 26-31: Vertrauen. Predigt von Paul Raabe am 14. April 1996 in der
Magdalenenkapelle der Moritzburg zu Halle/Saale. -
In: Hallesche Universitätspredigten. Hrsg. von Ernst-Joachim Waschke und
Konstantin Zobel. Bd. 1(1996), S. 15-21.

657
Zeugnisse zum Pietismus in den Franckeschen Stiftungen. -
In: Martin Luther und Halle. Kabinettausstellung der Marienbibliothek und der
Franckeschen Stiftungen zu Halle im Luthergedenkjahr 1996.
Halle: Verlag der Franckeschen Stiftungen zu Halle 1996, S. 14.
(= Katalog der Franckeschen Stiftungen. 4.)

658
August Hermann Francke. -
In: Die Grossen Stifter, Lebensbilder - Zeitbilder. Hrsg. von Joachim Fest.
Berlin: Siedler 1997, S. 47-66, Abb.

659
Die Franckeschen Stiftungen zu Halle im Festjahr 1998. -
In: Mitten im Aufbruch. 300 Jahres Franckesche Stiftungen zu Halle an der Saale.
1698-1998. Jahresprogramm 1998.
Halle/S.: Verlag der Franckeschen Stiftungen zu Halle 1997, S. 22-31.
(= Schriften der Franckeschen Stiftungen. 8.)

660
**Johann Heinrich Schulze - Wunderkind aus Colbitz, Waisenhauskind
aus Halle.** -
In: Deutsche Kinder. Siebzehn biographische Porträts. Hrsg. und mit einem Nachwort
von Claudia Schmölders.
Berlin: Rowohlt 1997, S. 48-65, 1 Abb.
Neuausgabe: Reinbeck b. Hamburg: Rowohlt Taschenbuchverl. 1999, S. 48-65, 1
Abb. (= rororo tb 1690.)

661
1698: Grundsteinlegung für die Franckeschen Stiftungen. Das Festjahr der
Fanckeschen Stiftungen zu Halle 1698-1998. -
In: Mitteldeutsches Jahrbuch für Kultur und Geschichte. 5(1998), S. 15-23, 2 Abb.

154

662
Franckesche Stiftungen heute. -
In: Deutsche Stiftungen im Prozess der Einigung. Dokumentation der Tagung am
30. September und 1. Oktober 1997 in den Franckeschen Stiftungen in Halle/Saale.
Bonn: Bundesverband Deutscher Stiftungen 1998, S. 35-42.

663
Goethe in Halle. -
In: Die Franckeschen Stiftungen zu Halle im Goethejahr 1999. Jahresprogramm.
Halle: Franckesche Stiftungen zu Halle 1998, S. 12-35 m. Abb.
(= Schriften der Franckeschen Stiftungen. 9.)

664
Mitten im Aufbruch: die Franckeschen Stiftungen zu Halle. -
In: Festschrift 10 Jahre WEDIT Deloitte & Touche in Halle.
(Halle: WEDIT Deloitte & Touche 2000), S. 68-75.

665
Museale Aspekte der Franckeschen Stiftungen. -
In: Museumnskunde. Hrsg. vom Deutschen Museumsverband. Bd. 65(2000), H. 1,
S. 63-68 mit 8 Abb.

666
Tradition und aktuelle Herausforderung. Die Franckeschen Stiftungen im
Jahr 2000. -
In: Kultur-Report. Vierteljahresschrift des Mitteldeutschen Kulturrats. H. 21(2000),
S. 18-20 mit 2 Abb.

667
**Die Franckeschen Stiftungen und die Preussische Staatsverwaltung
1832-1946.** Einige Bemerkungen zu einem unerforschten Thema. -
In: Gott zur Ehr und zu des Landes Besten. Die Franckeschen Stiftungen und
Preussen: Aspekte einer alten Allianz. Hrsg. von Thomas Müller-Bahlke. Ausstellung
in den Franckeschen Stiftungen zu Halle vom 26. Juli bis 28. Oktober 2001.
Halle: Verlag der Franckeschen Stiftungen zu Halle (Saale) 2001, S. 359-365.
(= Kataloge der Franckeschen Stiftungen zu Halle. 8.)

3.6 Autobiographisches und Persönliches

668
Wie ein Kubin-Buch entstand. Eine Selbstanzeige. -
In: Imprimatur. N. F. 1(1956/57), S. 186-191.

669
Erinnerungen an Siegfried Buchenau. -
In: Begegnungen mit Siegfried Buchenau. Blätter des Gedenkens.
Reinbek bei Hamburg: Rowohlt 1964, S. 58-63.

670
Bericht über eine Israel-Reise. -
In: Mitteilungen der Deutschen Forschungsgemeinschaft 1965, Nr. 4, S. 35.

671
Chronist einer vergangenen Epoche. Kurt Pinthus zum 80. Geburtstag. -
In: Die Zeit. Hamburg. 21(1966), Nr. 18, S. 22.

672
Persönlichkeit von grosser Überzeugungskraft. Dem Präsidenten der
Deutschen Schillergesellschaft zum 65. Geburtstag. -
In: Marbacher Zeitung vom 21. 4. 1966.

673
Vorgänger und Nachfolger. -
In: Westermanns Monatshefte. 1972, H. 11, S. 33.

674
Erinnerungen an Doktor Fischers erste Oldenburger Jahre. -
In: In Memoriam Wolfgang G. Fischer. 1905-1963.
Oldenburg: Holzberg 1974, S. 20-26.

675
Ernst Hauswedell - ein Antiquar in unserer Zeit. -
In: Die schönsten Bücher des Verlages Dr. Ernst Hauswedell & Co und der
Maximilian-Gesellschaft. Eine Ausstellung der prämierten Drucke, 1951-1975. Dr.
Ernst Hauswedell zum 3. September 1976.
Hamburg 1976, S. 8-10.

676
Am 24. Juni wird Kurt Kusenberg (Autor und Herausgeber) 75 Jahre.
"Ich war ein friedlicher Soldat".
Geschichten/Erzählungen/Grotesken/Skizzen/Erfinder der Monografien-Reihe von
Rowohlt. -
In: Börsenblatt für den Deutschen Buchhandel. 35(1979), Nr. 50, S. 1245-1246.

677
Manfred Koschlig. 1911-1979. -
In: Wolfenbütteler Barock-Nachrichten. 6(1979), S. 250.

678
Dem deutschen Horaz auf der Spur. Wer ihn liest, muss sehr genau lesen: Der
Germanist Walther Killy wird 65. -
In: Die Welt vom 25. August 1982, Nr. 196.

679
Hans Butzmann gestorben. Bedeutender Bibliothekar. -
In: Braunschweiger Zeitung vom 20. 7. 1982, Nr. 165, S. 9.

680
Hans Butzmann. -
In: Wolfenbütteler Bibliotheks-Informationen. 7(1982), S. 11.

681
Im Dienst der Bücher. Herbert G. Göpfert zum 75. Geburtstag. -
In: Börsenblatt für den Deutschen Buchhandel. 38(1982), S. B140-B142.

682
Zum Tode R. Dahlgrüns. Förderer des Musiklebens. -
In: Braunschweiger Zeitung vom 21. 4. 1982, Nr. 92, S. 7.

683
Ernst Hauswedell (1901-1983). -
In: Wolfenbütteler Barock-Nachrichten. 10(1983), S. 595-596.

684
Zum Tode von Ernst L. Hauswedell. Verlagsbuchhändler und Antiquar.
Bibliographie als Quintessenz eines Lebens für das Buch. Initiator der "Stiftung
Buchkunst, Verbandspolitiker, Kulturförderer, Geschäftsmann. -
In: Börsenblatt für den Deutschen Buchhandel. 3(1983), S. 2547-2548.
Wiederabdruck in:
DFW - Dokumentation - Information. 32(1984), S. 9-10.

685
Kinderjahre in der Oldenburger Rankestrasse. -
In: Mein Elternhaus. Ein deutsches Familienalbum. Hrsg. von Rudolf Pförtner.
Düsseldorf, Wien: Econ 1984, S. 277-294, 3 Abb.
2. Aufl. 1985.
Wiederabdruck u.d.T.:
Kinderjahre in Oldenburg. Erinnerungen von Paul Raabe.
In: Unsere Kirche. Evangelisches Sonntagsblatt für Westfalen und Lippe vom 6.
Januar 1985, Nr. 1/2, S. 12-13.
Neuausgabe 1986:

München: Deutscher Taschenbuch-Verlag 1986.
(dtv. 10673).
2. Aufl. 1987.
3. Aufl. 1987.
4. Aufl. 1987.
5. Aufl. 1988.
6. Aufl. 1988.
7. Aufl. 1989.
8. Aufl. 1989.
9. Aufl. 1990.
Neuausgabe: Düsseldorf: ECON-Taschenbuchverlag 1993.
(ETB - Econ & List Tb. 26057.)
2. Aufl. 1994.
3. Aufl. 1994.
4. Aufl. 1995.
6. Aufl. 1996.
7. Aufl. 1997.
8. Aufl. 2001.

686

Zwischen Bamberg und Wolfenbüttel. Zum Tod von Dr. Kurt Lindner. -
In: Braunschweiger Zeitung vom 27. Nov. 1987, S. 47.

687

Im Dienst der Literaturforschung. Zum 70. Geburtstag von Bernhard Zeller. -
In: Neue Zürcher Zeitung vom 20. September 1989, Nr. 218, S. 27.

688

Mit Büchern leben. Bekenntnisse eines Bücherfreundes. -
In: Literatur heute. Verlagsbeilage der Hannoverschen Allgemeinen Zeitung und der
Neuen Presse vom 14. April 1989, S. 9-10.

689

Nachruf auf Friedrich Wilhelm Kraemer. -
In: Wolfenbütteler Bibliotheks-Informationen. 15(1990), S. 8.

690

Friedhelm Kemp zum 85. Geburtstag. -
In: "Kränzewinder, Vorhangraffer, Kräuterzerstosser und Bratenwender", Friedhelm
Kemp zum 85. Geburtstag.

(= metaphóra. Zeitschrift für Literatur und Übertragung. München. 3(1999), Nr. 5,
S. 195-196.)

691

In memoriam Dr. Heinz-Bernhard Most. -
In: Die Franckeschen Stiftungen zu Halle im Jahr 2000. Jahresprogramm.
Halle: Verlag der Franckeschen Stiftungen zu Halle 2000, S. 139-141, m. 1 Abb.
(= Schriften der Franckeschen Stiftungen. 10.)
Wiederabdruck in:
Mitteldeutsches Jahrbuch für Kultur und Geschichte. 8(2001), S. 239-241. 1 Abb.

4. Rezensionen

692

Wiedemann, Heinrich
Karl der Große, Widukind und die Sachsenbekehrung. -
Münster: Aschendorff 1949.
In: Der Münsterländer. 1(1949), Nr. 46 v. 6. Dezember 1949.

693
Loon, Hendrik van
Der Überwirkliche. -
Zürich: Rascher 1953.
In: Die Welt am Sonntag vom 4. Januar 1953, Nr. 1.

694
Hagen, Waltraud
Die Gesamt- und Einzeldrucke von Goethes Werken. -
Berlin: Akademie-Verlag 1956. XI, 154 S. 8°
In: Journal of English and Germanic Philology. 59(1960), S. 787-790.

695
Ruppert, Hans
Goethes Bibliothek. Katalog 1958. -
Weimar: Arion-Verlag 1958. XVI, 825 S. 8°
In: Zeitschrift für Bibliothekswesen und Bibliographie. 7(1960), S. 155-157.

696
Gunnemann, Hedwig
Stadt- und Landesbibliothek Dortmund. Autographenkatalog. Bearb. von Hedwig
Gunnemann unter Mitw. von Harro Heim. Hrsg. von Hans M. Meyer. -
Dortmund 1962. 406 S., 1 Bl. m. 33 Faks. auf 32 Taf.
(Stadt- und Landesbibliothek Dortmund. Veröffentlichungen. N. F. Bd. 1.)
In: Germanistik. 4(1963), S. 427.

697
Ehrenstein, Albert
Ausgewählte Aufsätze. Hrsg. von M. Y. Ben-Gavriel.-
Heidelberg, Darmstadt: L. Schneider 1961. 162 S., 1 Bl. 8°
(Veröffentlichungen der Deutschen Akademie für Sprache und Dichtung Darmstadt.
Veröffentlichung. 25.)
In: Germanistik. 4(1963), S. 343.

698
Ehrenstein, Albert
Gedichte und Prosa. Hrsg. und eingel. von Karl Otten. -
Neuwied, Berlin: Luchterhand 1961. 511 S. 8°
In: Germanistik. 4(1963), S. 343-344.

699
Schindler, Paul Johannes
Richard Dehmel in Dichtungen, Briefen, Dokumenten. -
Hamburg: Hoffmann und Campe 1963.
In: Imprimatur. N. F. 4(1963/64), S. 139-147.

700
Übersicht über die von der Deutschen Akademie der Künste betreuten Schriftstellernachlässe. Abgeschlossen im Februar 1962. -
Berlin: Abt. Literatur-Archive der Deutschen Akadmie der Künste zu Berlin 1961.
214 gez. Bl. m. 20 ganzs. Faks. 4°
(Deutsche Akademie der Künste zu Berlin. Schriftenreihe der Literaturarchive. H. 8.)
In: Germanistik. 4(1963), S. 541-542.

701
Hodin, Josef Paul
Bekenntnis zu Kokoschka. Erinnerungen und Deutungen. -
Berlin, Mainz: Kupferberg (1963) 199. 170 S. m. 60 eingekl. Taf. 4°
In: Germanistik. 5(1964), S. 361.

702
Manderla, Ingeborg
Vorläufiges Findbuch des literarischen Nachlasses von Johannes R. Becher (1891-1958). Abgeschlossen im Januar 1962. -
Berlin: Literatur-Archive der Deutschen Akademie der Künste zu Berlin 1962. 271 S. m. 2 Taf. 4°
(Deutsche Akademie der Künste zu Berlin. Schriftenreihe der Literatur-Archive. H. 9.)
In: Germanistik. 5(1964), S. 370-371.

703
Hardekopf, Ferdinand
Gesammelte Dichtungen. Hrsg. von Emmy Moor-Wittenbach. -
Zürich: Verl. Die Arche 1963. 123 S. m. 5 Abb. i. Text u. 4 Abb. m. 2 Taf. kl. 8°
(Sammlung Horizont.)
In: Germanistik. 6(1965), S. 349-350.

704
Sternfeld, Wilhelm
Deutsche Exilliteratur 1933 - 1945. Eine Bio-Bibliographie. Mit e. Vorwort von Hanns W. Eppelsheimer. -

Heidelberg, Darmstadt: L. Schneider 1962. XIV, 405 S. 8°
(Veröffentlichungen der Deutschen Akademie für Sprache und Dichtung. Darmstadt. 29.)
In: Zeitschrift für Bibliothekswesen und Bibliographie. 12(1965), S. 109-112.

705
Robert, Arnold F.
Allgemeine Bücherkunde zur neueren deutschen Literaturgeschichte. 4. Aufl. Neu bearb. von Herbert Jacob. -
Berlin: de Gruyter 1966. XIII, 395 S. gr. 8°
In: Germanistik. 9(1968), S. 711-712.

706
Schiebelhuth, Hans
Werke und Briefe. Hrsg. v. Manfred Schlösser. Bd. 1. 2. -
Darmstadt, Zürich: Agora 1966-67. 8°
(Agora. Bd. 20. 21.)
In: Germanistik. 9(1968), S. 468-469.

707
Radvansky, Susan
German culture in the libraries of Melbourne. The State Library of Victoria-Ballieu Library University of Melbourne-Monash University Library. -
Melbourne: Monash Library, Dpt. of Modern Languages, German Section 1967. VII, 536 S. quer-8°
In: Germanistik. 10(1969), H. 1, S. 5-6.

708
Seifert, Siegfried
Die Weimarer Lessing-Bibliographie. -
In: Wolfenbütteler Studien zur Aufklärung. 2(1975), S. 331-338.

709
Weimar. Lexikon zur Stadtggeschichte. Hrsg. von Gitta Günther, Wolfram Huschke und Walter Steiner. -
Weimar: Verlag Hermann Böhlaus Nachfolger 1993. 552 S., 369 z. T. farb. Abb.
In: Weimar Kultur Journal. 1993, Nr. 9, S. 39-40.

710
Lessing, Gotthold Ephraim
Tagebuch der italienischen Reise. Faks.-Ausg. hrsg. von Wolfgang Milde. -
Wiesbaden 1977. 143 S. 8°
In: Lessing-Yearbook. 30(1998), S. 185-187.

711
Das Goethe- und Schiller-Archiv 1896-1996. Beiträge aus dem ältesten
deutschen Literaturarchiv. Hrsg. von Jochen Goltz. -
Köln, Wien: Böhlau Verl. 1996. 488 S.
In: Weimar Kultur Journal. 7(1998), Nr. 9, S. 24-25.

712
Weimar 1930. Politik und Kultur im Vorfeld der NS-Diktatur. Hrsg. von
Lothar Ehrlich und Jürgen John. -
Köln, Weimar, Wien: Böhlau Verl. 1998. XXXVIII, 302 S.
In: Weimar Kultur Journal. 7(1998), Nr. 9, S. 34.

713
Seifert, Siegfried
Weimarer Museumsführer. Stadt Weimar und Weimarer Land. -
Hamburg: L & H Verl. 1999. 260 S.
In: Weimar Kultur Journal. 8(1999), Nr. 11, S. 38.

714
Das Dritte Weimar. Klassik und Kultur im Nationalsozialismus. Hrsg. von Lothar
Ehrlich, Jürgen John und Justus H. Ulbricht. -
Köln, Weimar, Wien: Böhlau-Verl. 1999. 369 S.
In: Weimar Kultur Journal. 9(2000), Nr. 3, S. 35.

5. Festschriften für Paul Raabe

715
Paul Raabe zum 21. Februar 1977 von Freunden und Mitarbeitern. -
(Hamburg: Dr. Ernst Hauswedell 1977.) 162 S. 8°

716
Die Erforschung der Buch- und Bibliotheksgeschichte in Deutschland.
Hrsg. von Werner Arnold, Wolfgang Dittrich und Bernhard Zeller. Paul Raabe zum
60. Geburtstag gewidmet. -
Wiesbaden: Harrassowitz 1987. XII, 535 S. 8°

717
Euphorion. Zeitschrift für Literaturgeschichte. In Verbindung mit Wolfgang Adam,
Roger Bauer, Wolf-Hartmut Friedrich, Gotthard Frühsorge, Hermann Meyer, Peter
Wapneski hrsg. von Reiner Gruenter. -
Bd 81(1987), H. 1: Paul Raabe gewidmet.

718
Respublica Guelpherbytana. Wolfenbütteler Beiträge zur Renaissance- und
Barockforschung. Festschrift für Paul Raabe. Hrsg. von August Buck und Martin
Bircher. -
Amsterdam: Rodopi 1987. 709 S. 8°
(Chloë. Beihefte zum Daphnis. Bd. 6.)

719
**Studien zur Geschichte der deutsch-polnischen Kulturbeziehungen vom
Mittelalter bis zum 19. Jahrhundert.** Hrsg. von Jan Pirozynski. (Paul Raabe,
dem grossen Freund der polnischen Wissenschaft dankbar gewidmet). -
Krakow: Nakl. Uniwersytetu Jagiellonskiego 1994. 182 S. 8°
(Zezszyty naukowe Uniwersytetu Jagiellonskiego. 1538. Prace historyczne, zesz. 111.
Studia germano-polonica. 2.)

Paul Raabe
In Franckes Fußstapfen
Aufbaujahre in Halle an der Saale
Arche

6. Widmungen an Paul Raabe

720
Estermann, Alfred
Die deutschen Literaturzeitschriften. 1815-1850. Bibliographien, Programme,
Autoren. (Paul Raabe gewidmet.) Bd 1-10. -
Nendeln: KTO Press 1978-1981. 10 Bde

721
Bircher, Martin
Paul Raabe zum 60. Geburtstag am 21. Februar 1987. [Verf.: Martin Bircher und
August Buck.] -
In: Wolfenbütteler Barock-Nachrichten.
Wiesbaden: Harrassowitz. 14(1987), S. 1-5.

722
Bürger, Thomas
Die 'Acerra Philologica' des Peter Lauremberg. Zur Geschichte, Verbreitung und
Überlieferung eines deutschen Schulbuches des 17. Jahrhunderts. Paul Raabe zum
60. Geburtstag. -
In: Wolfenbüttteler Notizen zur Buchgeschichte. 12(1987), 1-24.

723
Perels, Christoph
Ein unbekannter Brief Heinrich von Kleists an Christoph Martin Wieland. Paul Raabe
zum 21. Februar 1987. -
In: Jahrbuch des Freien Deutschen Hochstifts. 1986(1987), S. 179-186.

724
Wallmann, Johannes
Philipp Jakob Spener in Berlin 1691-1705. Paul Raabe zum 60. Geburtstag. -
Zeitschrift für Theologie und Kirche. 84(1987), S. 58-85.

725
Das Bild Lateinamerikas im deutschen Sprachraum. Ein Arbeitsgespräch an
der Herzog August Bibliothek, 15. - 17. März 1989. Hrsg. von Gustav Siebenmann
und Hans-Joachim König. (Paul Raabe zugeeignet). -
Tübingen: Niemeyer 1992. 8°
(Beihefte zur Iberoromania. Bd. 8.)

Handschriftl. Widmung der Hrsg.:
"als Dank für seine unverdrossene Schirmherrschaft über das Projekt Neue Welt -
Alte Welt. Hans-Joachim König, Gustav Siebenmann im Juli 1992. Der Arbeitskreis
verdankt Ihnen, lieber Herr Raabe, sehr viel."

726

**Lexikon zur Geschichte und Gegenwart der Herzog August Bibliothek
Wolfenbüttel.** Im Auftrage der Gesellschaft der Feunde der Herzog August
Bibliothek hrsg. von Georg Ruppelt und Sabine Solf. Paul Raabe zum 29. 2. 92. -
Wiesbaden: Harrassowitz i. Komm. 1992. 179 S. 8°

727

Niewöhner, Friedrich

"... Spanien und Franken, zum Lachen merkwürdig. Der "Columbus"-Roman von
Jakob Wassermann. Paul Raabe zum 65. Geburtstag. -
In: Zeitschrift für deutsche Philologie. 111(1992), S. 593-607.

728

Weyrauch, Erdmann

Wolfenbütteler Bibliographie zur Geschichte des Buchwesens im deutschen
Sprachgebiet 1840-1988 (WBB). Bearb. von Erdmann Weyrauch unter Mitarb. von
Cornelia Fricke. Bd. 3, T. 3. (Mechthild und Paul Raabe in Dankbarkeit.) -
München, New York, London, Paris: K.G. Saur 1992. XXIV, 552 S. 4°

729

Hermann, Ulrich

Aufklärung und Erziehung. Studien zur Funktion der Erziehung im
Konstitutionsprozess der bürgerlichen Gesellschaft im 18. und frühen 19. Jahrhundert
in Deutschland. -
Weinheim: Deutscher Studien Verl. 1993.313 S. 8°

Handschrftl. Widmung des Autors:
"Die Beschäftigung mit der deutschen Aufklärung führte den Verfasser im Jahre 1968
zum ersten Mal nach Wolfenbüttel in die Herzog August Bibliothek. Dort hatte
wenige Woche zuvor der neue Bibliotheksdirektor sein Amt angetreten. Noch
provisorisch wohnte er im alten Lessing-Häuschen, wohin er den Gast zum
abendlichen Gespräch einlud. Daraus erwuchs ein jahrelanger förderlicher Kontakt.
Die regelmässige Teilnahme an den Kolloquien und Symposien in Wolfenbüttel hat
den hier gesammelten Studien entscheidende Anregungen vermittelt. Im Jahr des
Ausscheidens aus dem Amte als Wolfenbütteler Bibliotheksdirektor ist dieses Buch
Paul Raabe, dem grossen Anreger und Förderer der Erforschung der Aufklärung und
des 18. Jahrhunderts in Dankbarkeit gewidmet."

730

Mortzfeld, Peter

Die Porträtsammlung der Herzog August Bibliothek Wolfenbüttel. Bearb. von Peter
Mortzfeld. Biographische und bibliographische Beschreibungen mit Künstlerregister.
Bd 1: A-Bra. (BVRGHARDT VON HANSTEIN+ AMICO, PAVL RAABE ACTORI
AC FAVTORI S.) -
München, New Providence, London, Paris 1996. 359 S. 4°
(Katalog der graphischen Porträts in der Herzog August Bibliothek Wolfenbüttel
1500-1850. Reihe A: Die Porträtsammlung. Bd. 29.)

731
Raabe, Mechthild
Die fürstliche Bibliothek in Wolfenbüttel und ihre Leser. Zur Geschichte des
institutionellen Lesens in einer norddeutschen Residenz. 1664-1806. (Paul Raabe zum
70. Geburtstag am 21. Februar 1997.) -
München: K.G. Saur 1997. X, 232 S. 8°

732
Retrospektive Erschliessung von Zeitschriften und Zeitungen. Beiträge des
Kolloquiums Anna Amalia Bibliothek, 25. bis 27. September 1996 hrsg. von Michael
Knoche und Reinhard Tgahrt. (Paul Raabe, dem Bibliographen zum Geburtstag.) -
Berlin: Deutsches Bibliotheksinstituut 1997. 134 S. 8°
(Informationsmittel für Bibliotheken (IFB). Beih. 4.)

733
Seifert, Siegfried
Goethe-Bibliographie 1950-1990. Von Siegfried Seifert unter Mitarbeit von Rosel
Gutsell und Hans-Jürgen Malles. (Paul Raabe, der diese Bibliographie anregte und mit
seinem Rat begleitete, in herzlicher Dankbarkeit gewidmet.) Bd. 1-3. -
München: K.G. Saur 2000. 3 Bde

7. Über Paul Raabe

734
Arce, Manuel
Paul Raabe y el Expresionismo. -
In: La Estafeta Literaria (Madrid) 1966, Nr. 354.

735
Fischer, Werner A.
Deuter des Expressionismus. Begegnung mit dem Oldenburger Paul Raabe im
Marbacher Schiller-Nationalmuseum. -
In: Weser-Kurier vom 13. 9. 1966.

736
Kurz, Ludwig
Verboden, verbrand, herdrukt. [Interview mit P. R.] -
In: Algemeen Handelsblad vom 2. 7. 1966.

737
Brinkmann, Richard
Expressionismus. Internationale Forschung zu einem internationalen Phänomen. -
Stuttgart: Metzler 1980, passim

738
Professor Dr. Paul Raabe, Herzog August Bibliothek. -
In: Forschung Niedersachsen. Hrsg. vom Nieders. Minister für Wissenschaft und
Kunst. 1985, S. 46-49.

739
Schillemeit, Jost
Laudatio [zur Verleihung der Ehrendoktorwürde der TU Braunschweig]. -
In: Carola-Wilhelmina. Mitteilungen der TU Braunschweig. 22(1987), H. 3, S. 17-20.

740
Wittmann, Reinhard
Bibliothekar, Verleger und menschliches Kraftwerk. -
In: Börsenblatt für den Deutschen Buchhandel. 43(1987), S. 444-445.

741
Busche, Jürgen
Auf Leibniz' Stuhl in Wolfenbüttel. -
In: Frankfurter Allgemeine Zeitung vom 27. 7. 1988.

170

742
"IHK-Interview" Kultur und Wissenschaft [mit Paul Raabe]. -
In: IHK. Mitteilungen der Industrie- und Handelskammer Braunschweig. 1988, H. 11,
S. 9-14.

743
Lohr, Stephan
Paul Raabe. Mit List und Charme. -
In: Deutsches Allgemeines Sonntagsblatt vom 5. 6. 1988.

744
Schenkel, Martin
Dokumentation literarischer Quellen in Bibliotheken. Drei Modellprojekte zur
Zeitschriftenerschliessung in Göttingen, Frankfurt und Marbach. -
München: K.G. Saur 1988, passim.
(= Literatur und Archiv. Bd 2.)

745
Schmidtchen, Volker
"Augusta" Wolfenbüttel. [Interview mit Paul Raabe.] -
In: Perspektiven (Universität Witten/Herdecke). 4(1988), Nr. 13, S. 12-21.

746
Ramseger, Georg
Leibniz und Lessing drückten dem "achten Weltwunder" ihre Stempel auf. -
In: Börsenblatt für den Deutschen Buchhandel. 45(1989), S. 1270-1276.

747
Jach, Michael
Eldorado der Gelehrten: In Büchern und Dateien der Geschichte auf der Spur.
[Interview mit Paul Raabe.] -
In: Die Welt vom 23. 5. 1990.

748
Schenkel, Martin
Das zeitgemässe Repertorium. [Über Paul Raabes Zeitschriftenerschliessungen.] -
In: Bibliothek. Forschung und Praxis. 14(1990), S. 165-168.

749
Busche, Jürgen
Paul Raabe, Bibliotheksdirektor in Wolfenbüttel. -
In: Süddeutsche Zeitung vom 15. 11. 1991.

750
Buck, August
Dank an Paul Raabe. -
In: Wolfenbütteler Renaissance-Mitteilungen. 16(1992), S. 50.

751
Faure, Ulrich
Leerer Platz im Chefzimmer. -
In: Börsenblatt für den Deutschen Buchhandel. 48(1992), S. 29-30.

752
Heckelsbruch, Rolf
Zum Abschied von Paul Raabe von der Herzog August Bibliothek. 24 Jahre im Sibirien der Bücher. -
In: Braunsschweiger Zeitung vom 29. 2. 1992.

753
Kauffmann, Georg
Laudatio [zur Verleihuung des Joost-van Vondel-Preises 1991]. -
In: Stiftung F.H.S. zu Hamburg. Verleihung des Joost-van Vondel-Preises 1991. [Hamburg 1992], S. 9-15.

754
Michaelis, Rolf
Paul Raabe, Bürger als Bücherfürst. -
In: Die Zeit vom 21. 2. 1992.

755
Ott, Ulrich
Paul Raabe zum 21. 2. 1992. -
In: Zeitschrift für Bibliothekswesen und Bibliographie. 39(1992), S. 176-178.

756
Schott, Christiane
Gelehrt, doch nicht verkehrt. Paul Raabe, der Bibliothekar nimmt Abschied. -
In: Deutsche Allgemeine Sonntagszeitung vom 28. 2. 1992.

757
Schuchhardt, Helga
Rede zur Verabschiedung von Paul Raabe. -
In: Mitteilungsblatt der Bibliotheken in Niedersachsen. 1992, H. 83, S. 21-24.

758
Stöckmann, Jochen
Mit Bücher-Lust und Bürger-Sinn. Paul Raabe verlässt "seine" Herzog August Bibliothek. -

172

In: Hannoversche Allgemeine Zeitung vom 29. 2. 1992.
Wiederabdruck in:
Kultur-Chronik. 10(1992), S. 7-9.

759
Zum Abschied von Paul Raabe. 29. 2. 1992. -
In: Wolfenbütteler Zeitung. Sonderausgabe vom 29. 2. 1992. 8 S.

760
Cope, R. L.
From the peripherie to the centre. Paul Raabe's years at Wolfenbüttel. -
Bullabutra: The Bullabutra Press 1993. 16 S. 4°
(= Libraries and Librarianship: Studies and Review. 1993. No. 3.)

761
Drews, Gabriele
Eine pädagogische Provinz eigener Art. [Interview nit Paul Raabe.] -
In: Weimar Kultur Journal. 1994, H. 12, S. 10-12.

762
Kowa, Günter
Gelehrter Visionär bewahrt Realitätssinn. -
In: Mitteldeutsche Zeitung vom 11. 2. 1994.

763
Graf, Angela
"Aliis in serviendo consumor!" Paul Raabe, nestor der Gelehrtenrepublik. -
In: Biblionota. 50 Jahre bibliothekarische Ausbildung in Hamburg.
Münster: Waxmann 1995, S. 77-94.

764
Stoop, Paul
Mit der Kraft eines Adlers. In Halle sind die Franckeschen Stiftungen mit viel Mut
dem Verfall entrissen worden. -
In: Tagesspiegel vom 13. 10.1995.

765
Reumann, Kurt
Baulustiger Bücherkönig. -
In: Frankfurther Allgemeine Zeitung vom 4. 11. 1996.

766
Flotho, Manfred
Paul Raabe zum 70. Geburtstag. -
In: Carola-Wilhelmina. Forschungsmagazin der TU Braunschweig. 1997, H. 2,
S. 108-109.

767
Michaelis, Rolf
Europa an der Saale. [Interview mit Paul Raabe.]
In: Die Zeit vom 21. 2. 1997.

768
Steinfeld, Thomas
Ein Zephir. Der Bibliothekar Paul Raabe wird 70. -
In: Frankfurter Allgemeine Zeitung vom 21. 2. 1997.

769
Tschapke, Reinhard
Shakespeare kam bis an die Hunte. Bibliothekar, Schriftsteller und Oldenburger. Zum
70. Geburtstag von Paul Raabe. -
In: Nordwest-Zeitung vom 21. 2. 1997.

770
Zimmermann, Harro
Der Patriarch der Bücher. Dem Germanisten und Bibliotheksdirektor zum
70. Geburtstag. -
In: Hannoversche Allgemeine Zeitung vom 21. 2. 1997.

771
Ruppelt, Georg
Der Bibliothekar - Partner des Wissenschaftlers. Interview mit Paul Raabe. -
In: Auskunft. Mitteilungsblatt Hamburger Bibliotheken. 18(1998), S. 325-333.

772
Mayer, Thomas
Raabe trifft Goethe. [Interview mit Paul Raabe.]
In: Dresdner Neueste Nachrichten vom 13. 5. 1999.

773
Finsterbusch, Stephan
Eine neue Generation von Stiftern gesucht. Paul Raabe und sein Kampf für die
Franckeschen Stiftungen. -
In: Frankfurter Allgemeine Zeitung vom 27. 5. 2000.

774
Kowa, Günter
Visionär hat noch Ideen. Paul Raabe verlässt die Franckeschen Stiftungen. Rückblick
auf neun Jahre an der Spitze. -
In: Mitteldeutsche Zeitung vom 28. 9. 2000.

775
Michaelis, Rolf
1000 tote Tauben und 1 Raabe. Fest der Franckeschen Stiftungen. -
In: Die Zeit vom 28. 9. 2000.

776
Ruppelt, Georg
Alte Bücher - junge Menschen. [Über Paul Raabe.] -
In: Der Rotarier. 50(2000), H. 2, S. 12.

777
Beger, Gabriele
Laudatio [zur Verleihung des Max Herrmann-Preises in Berlin, Mai 2001.] -
Mitteilungen. Staatsbibliothek Preussischer Kulturbesitz. N.F. 10(2001), H. 1, S.
12-15.

8. Zeittafel

1927	Am 21. Februar in Oldenburg (Oldb.) geboren als Sohn des Bildhauers Wilhelm Raabe (1897-1943) und seiner Ehefrau Florence geb. Meyer (1900-1986)
1933-1943	Besuch der Grundschule und Mittelschule in Oldenburg
1943-1946	Besuch eines Oberschule in Aufbauform mit Unterbrechungen durch den Kriegseinsatz
1943-1945	Luftwaffenhelfer und Arbeitsdienst
1946	Abitur
1946-1948	Ausbildung zum Diplombibliothekar an wissenschaftlichen Bibliotheken in Oldenburg und Hamburg
1948-1957	Bibliothekarische Nebentätigkeit im Kubin-Archiv Hamburg
1949-1953	Mitarbeiter an der Landesbibliothek Oldenburg
1951-1957	Studium der Germanistik und Geschichte an der Universität Hamburg, daneben Forschungsassistent bei Prof. Dr. Hans Pyritz
1953	Heirat mit Mechthild Holthusen in Hildesheim
1957-1964	Geburt der vier Kinder: Katharina, Daniel, Christiane und Benjamin
1957	Promotion mit einer Arbeit über die Briefe Hölderlins
1958-1968	Leitung und Aufbau der Bibliothek des Deutschen Literaturarchivs Marbach a.N.; Erforschung des literarischen Expressionismus
1967	Habilitation in Göttingen
1968-1992	Direktor der Herzog August Bibliothek in Wolfenbüttel; Ausbau zu einer Internationalen Forschungsstätte für europäische Kulturgeschichte der frühen Neuzeit

1987	Ehrendoktorwürde der TU Braunschweig
1988	Ehrendoktorwürde der Jagiellonischen Universität Krakau; Officier de l'Ordre National du Mérite, Paris
1991	Ehrenbürger der Stadt Wolfenbüttel; Niedersachsen-Preis; Joost-van-den Vondel-Preis der Stiftung F.V.S., Hamburg
1992-2000	Direktor der Franckeschen Stiftungen zu Halle: Wiederaufbau des historischen Ensembles mit kulturellen, wissenschaftlichen, sozialen und pädagogischen Einrichtungen
1992	Großes Verdienstkreuz des Niedersächsischen Verdienstordens Großes Stadtsiegel der Stadt Oldenburg
1997	Ehrendoktorwürde der Theologischen Fakultät der Martin-Luther-Universität Halle; Großes Bundesverdienstkreuzes mit Stern; Niedersächsische Landesmedaille
1999	Karl Friedrich-Schinkel-Ring des Deutschen National-Komitees für Denkmalschutz
2000	Vorsitzender des Kuratoriums der Franckeschen Stiftungen
2001	Deutscher Stifterpreis des Bundesverbandes deutscher Stiftungen; Max Herrmann-Preis der Staatsbibliothek Berlin (PK); Sächsischer Verdienstorden des Freistaat Sachsen

Korrespondierendes Mitglied der Göttinger Akademie der Wissenschaften;
Ausländisches Mitglied der Kgl. Akademie der Literatur, der Geschichte und Altertümer, Stockholm;
Ordentliches Mitglied der Joachim Jungius-Gesellschaft, Hamburg und der Braunschweigischen Wissenschaftlichen Gesellschaft;
Ehrenmitglied des Institute of Germanic Studies, London, der American Association of Teachers of German in USA und der Gesellschaft der Freunde der Herzog August Bibliothek Wolfenbüttel

9. Personenregister

10. Schlagwortregister

11. Verzeichnis der Abbildungen

S. 150 Vier Thaler, 1998, Bibliographie-Nr. 138. Umschlaggestaltung: Joachim Dimanski.

S. 164 Paul Raabe: In Franckes Fußstapfen. Aufbaujahre in Halle an der Saale. – Zürich, Hamburg: Arche Verlag 2002, ca. 288 S. Erscheint zum 75. Geburtstag des Autors im Februar 2002. Umschlaggestaltung: Max Bartholl.

Der Bibliothekar Paul Raabe

Rede zum Festakt anlässlich seines 70. Geburtstages im Rathaus Wolfenbüttel am 22. Februar 1997

Georg Ruppelt

Es ist schwer für jemanden, der die überwältigenden und bewegenden Veranstaltungen zu Ehren Paul Raabes am gestrigen Tage in Halle miterleben durfte, noch eine Ehrungslücke zu finden. – Was bleibt einem zu sagen übrig nach den laudationes des Dekans der theologischen Fakultät und des Rektors der Universität Halle auf den Wissenschaftler Paul Raabe? Was kann man noch äußern nach der liebe- und achtungsvollen sprachlichen und musikalischen Widmung des Sohnes an den Vater, der Buchwidmung der Ehefrau? Wie soll man reden nach der Verleihung des Großen Verdienstordens mit Stern an Paul Raabe; nach den von Bewunderung und Dankbarkeit geprägten Reden des sachsen-anhaltischen Landtagspräsidenten, der Bürgermeisterin von Halle und des sächsischen Landesbischofs?

Und kann man deutlichere und treffendere Worte auf Paul Raabe finden, als sie der ehemalige Außenminister und Vizekanzler der Bundesrepublik Deutschland und derzeitige Vorsitzende des Kuratoriums der Franckeschen Stiftungen, Hans-Dietrich Genscher, gestern gefunden hat? Der Paul Raabe als einen Glücksfall für die Kultur und Wissenschaft in Halle, aber auch als Glücksfall für das geeinte und Einheit suchende Deutschland wie für Europa beschrieb und ihn als eine der bedeutendsten Persönlichkeiten bezeichnete, die ihm, Genscher, in seinem umtriebigen Leben auf nationalem und internationalem Parkett je begegnet seien?

Vielleicht sind einige Sätze in dieser Wolfenbütteler Laudatio gestattet zu einem Thema, das gestern immer wieder anklang, das aber wert ist noch einmal deutlicher hervorgehoben zu werden. Am 20. Februar hat der Norddeutsche Rundfunk dem Thema in seinem Dritten Programm eine einstündige Sendung gewidmet, nämlich: Paul Raabe, dem Bibliothekar.

Dieser Beruf, der auch für mich der schönste Berufe überhaupt ist, hat Sie, verehrter Herr Raabe, in den vergangenen 51 Jahren geprägt, vor allem aber haben Sie ihn selbst geprägt als Wegweiser und Gestalter. Zu Recht hat Sie die Frankfurter Allgemeine Zeitung als „Deutschlands bekanntesten Bibliothekar" bezeichnet. Diese Bekanntheit aber ist das Ergebnis von Ideen, von Visionen und deren konsequenter und nimmermüder Umsetzung in die Praxis. Kurz gesagt, sie ist die Folge aus der glücklichen und seltenen Verbindung, ja Einheit, von Gedanke und Tat, Theorie und Praxis, Reflexion und praktizierter Humanität, welche die Persönlichkeit von Paul Raabe in so außergewöhnlicher Weise auszeichnet.

Im vergangenen Jahr waren Sie, verehrter Herr Raabe, 50 Jahre aktiv im Dienst in und für Bibliotheken tätig – ein Jubiläum, das in unserem Jahrhundert wohl einmalig sein dürfte. Ihr Wirken an verantwortlicher Stelle in Marbach, Wolfenbüttel und Halle hat nicht nur vor Ort zu positiven Veränderungen, ja zum Aufblühen der Institutionen, an denen Sie tätig waren, geführt, sondern es hat auch weit darüber hinaus die bibliothekarische wie die wissenschaftliche Welt befruchtet und ihr entscheidende Impulse gegeben.

Für die Herzog August Bibliothek Wolfenbüttel, deren Geschicke Paul Raabe fast ein Viertel Jahrhundert gelenkt hat, gilt dies in ganz besonderem Maße. Unter seiner Leitung erlebte die Herzog August Bibliothek eine Zeit der Blüte, die jedoch nicht auf die Bibliothek als solche beschränkt blieb. Die Herzog August Bibliothek war Vorbild für viele andere Einrichtungen. So entstanden oder entstehen nach Wolfenbütteler Muster etwa in Augsburg, Berlin, Göttingen, Eutin, Emden, Hildesheim, vor allem auch in Weimar und selbstverständlich in Halle Institutionen, die als Forschungsbibliotheken einen hohen Anspruch zu verwirklichen suchen, indem sie mehr sein wollen als bloße Bücherbewahr- und Ausleihanstalten. Die vielen Kontakte im nationalen wie internationalen Rahmen, die Paul Raabe herstellte, das Wolfenbütteler Vorbild selbst, aber auch seine zahlreichen Vorträge und Publikationen hatten und haben weiterhin eine Wirkung, deren Ergebnisse wohl erst in Jahren in ihrer Gesamtheit adäquat überschaubar sein werden.

Dabei war es ihm immer ein besonderes Anliegen, die Bibliothek als Ort der Wissenschaft und Kultur im nationalen und internationalen Rahmen fest zu verankern, sie dabei aber nicht zu einem Elfenbeinturm werden zu lassen, der einsam und arrogant die Informations- und Kulturbedürfnisse einer großen Öffentlichkeit in der Region ignoriert. Im Gegenteil: das Kulturprogramm der Herzog August Bibliothek wandte sich in jenen guten Jahren bewusst an die Bürgerinnen und Bürger Wolfenbüttels, des Braunschweiger Landes und Niedersachsens und ermöglichte Wissenstransfer und kulturelle Anregung.

Ich erinnere an die vielen hundert Vorträge und Dichterlesungen, an die Donnerstagsrunden, in denen die Schätze der Bibliothek einer breiteren Öffentlichkeit zugänglich gemacht wurden, an die umfangreichen Jahresausstellungen im Zeughaus, an das 400jährige Jubiläum der Bibliothek, das Herzog-August-, das Lessing-, das Luther- oder das Gutenbergjahr; an das gegen den Trend der Zeit gesetzte „Jahr des Buches" im europäischen Film- und Fernsehjahr 1988. Ich erinnere an die Begleitveranstaltungen zu den großen wissenschaftlichen Kongressen, an die anspruchsvollen, dabei aber fröhlichen und die gesamte Bevölkerung ansprechenden Feste, die Tausende von Besuchern anlockten. – Nur andeuten will ich die Tatsache, dass nicht nur das Evangeliar Heinrichs des Löwen ohne Paul Raabes Einsatz wohl kaum seinen dauernden Aufenthaltsort in Wolfenbüttel gefunden hätte. Von den bedeutenden Erwerbungen, Geschenken und Deposita jener Jahre gaben die regelmäßig erschienenen Informationshefte beredt Zeugnis.

Aus zwei Häusern wurden im Laufe der Amtszeit Paul Raabes acht; die Zahl der Mitarbeiter wuchs von 30 bei seinem Amtsantritt auf über 200 im Jahre 1992. Rund 800 Arbeitssuchende fanden durch seine kreativen Ideen in guter Zusammenarbeit mit dem hiesigen Arbeitsamt sinnvolle und für die Allgemeinheit nützliche Tätigkeit. Was alles hat er ins Leben gerufen: das Forschungsprogramm, das Gelehrte und Studierende aus allen Erdteilen nach Wolfenbüttel führte, die Gesellschaft der Freunde, die Dr.-Günther-Findel-Stiftung, die Schülerseminare – um nur die wichtigsten zu nennen.

Vier Bundespräsidenten und dem französischen Staatspräsidenten Mitterand konnte Paul Raabe in seiner Amtszeit die Bedeutung der Herzog August Bibliothek und die Schönheit Wolfenbüttels „verklaren", wie es in Norddeutschland heißt; Spitzen aus Politik, Wirtschaft, Verwaltung, Wissenschaft, Kultur und Religion hat er oder seine Stellvertreter durch die Bibliothek und die Stadt geführt. Anschließend fand man sich im Bibliotheksrestaurant ein; auch dieses ist eine seiner ebenso nützlichen wie angenehmen Erfindungen, und nur scheinbar marginal. Bischof Demke hob gestern die Bedeutung der Bibliothek als Ort der Geselligkeit hervor.

Eine auch nur annähernd angemessene Erwähnung all dessen, was Paul Raabe während seines Wolfenbütteler Direktoriats bewegt und bewirkt hat, würde nicht nur den Rahmen dieser Rede sprengen. Mit seiner umfassenden Idee, die letztendlich davon ausging, dass Wolfenbüttel – obwohl als „Bibliosibirsk" von manchem Kollegen nicht ohne Neid belächelt – von seiner Substanz her für ganz Europa, ja für die geistige Welt überhaupt ein zentraler Ort sein könnte, mit seiner Idee also hat Paul Raabe konservierend und revolutionär zugleich gewirkt. Mit diesem gedanklichen Konzept gelang es ihm wie selbstverständlich, die internationale Bedeutung der Herzog August Bibliothek mit ihrer regionalen Wirksamkeit zu verbinden.

Die Stadt Wolfenbüttel hat dies erkannt und gewürdigt, indem sie Paul Raabe mit der Ehrenbürgerschaft auszeichnete und die heutige Veranstaltung ausrichtet – Würdigungen, die sowohl Paul Raabe als auch die Stadt Wolfenbüttel ehren. Diese Ehrungen – so erlaube ich mir als Wolfenbütteler Bürger anzumerken – bedeuten aber auch Verpflichtung für die Stadt wie für die hier angesiedelten kulturellen Institutionen, den von Paul Raabe gewiesenen und gefestigten Weg nicht leichtfertig zu verlassen; sie bedeuten, das vor Jahren Erreichte nicht aufs Spiel zu setzen. Diese Ehrungen sind auch Aufforderungen, diesen Weg zum Wohl und Nutzen der Wissenschaft und Forschung, aber auch der Region weiter bzw. wieder zu beschreiten.